Dinamiche della Grande Distribuzione: Una Disamina Multidimensionale dei Meccanismi, delle Sfide e delle Opportunità nel Retail Moderno

Analisi Approfondita delle Innovazioni, delle Tendenze Emergenti, delle Strategie Competitive e dei Casi di Studio di Successo e Insucesso nel Settore della Vendita al Dettaglio

GDO Moderna

1. Storia della Grande Distribuzione
ChatGPT

La storia della grande distribuzione è vasta e variegata, e si intreccia con l'evoluzione socio-economica del mondo nel tempo. Ecco uno sviluppo base del punto:

Storia della Grande Distribuzione

1. **Origini:**
   - **Fine del XIX Secolo:** Le origini della grande distribuzione possono essere fatte risalire alla fine del XIX secolo con l'apertura dei primi grandi magazzini negli Stati Uniti e in Europa.
   - **Primi Grandi Magazzini:** Le Bon Marché a Parigi, Harrods a Londra, e Macy's a New York sono esempi di pionieri di questo settore.
2. **Espansione e Diversificazione:**
   - **Anni '20 e '30:** Si sviluppano i primi supermercati e negozi a prezzi scontati.
   - **Dopo la Seconda Guerra Mondiale:** Si assiste a un'espansione significativa della grande distribuzione, in particolare negli Stati Uniti con l'apertura di centri commerciali e catene di supermercati come Walmart.
3. **Globalizzazione:**

- **Anni '80 e '90:** Le catene della grande distribuzione iniziano ad espandersi globalmente. Walmart, Carrefour, e Tesco diventano marchi globali.
- **Ingresso nei Mercati Emergenti:** Le grandi catene iniziano ad entrare nei mercati asiatici, sudamericani e africani, adattando i loro modelli di business alle culture locali.

4. **Evoluzione Tecnologica e Internet:**
   - **Fine degli Anni '90 e Inizio 2000:** L'avvento di Internet porta alla nascita del commercio elettronico. Amazon diventa uno dei principali attori della vendita al dettaglio online.
   - **Evoluzione delle Piattaforme Online:** Si sviluppano diverse forme di e-commerce, come l'online-to-offline (O2O) e il mobile commerce (m-commerce).

5. **Sostenibilità e Responsabilità Sociale:**
   - **Anni 2010:** Cresce l'attenzione verso pratiche sostenibili e responsabili. Si sviluppano iniziative di riduzione dell'impatto ambientale e promozione della responsabilità sociale.
   - **Certificazioni e Standard:** Si diffondono certificazioni e standard per garantire la qualità e l'etica delle produzioni.

6. **Pandemia di COVID-19 e Nuove Tendenze:**
   - **2020-2021:** La pandemia di COVID-19 accelera la digitalizzazione del settore e modifica le abitudini di acquisto, aumentando l'importanza dell'e-commerce e dei servizi di consegna a domicilio.
   - **Innovazioni e Cambiamenti:** Si sviluppano nuove soluzioni tecnologiche, come la realtà aumentata per lo shopping online e le applicazioni per il tracciamento delle forniture.
7. **Prospettive Future:**
   - **Tecnologie Emergenti:** Blockchain, Intelligenza Artificiale e Internet delle Cose (IoT) sono tra le tecnologie che influenzeranno il futuro della grande distribuzione.
   - **Nuovi Modelli di Business:** Si esplorano nuovi modelli di business, come l'economia circolare e la personalizzazione dell'offerta.

La storia della grande distribuzione è, senza dubbio, un mosaico complesso e affascinante di progressi, innovazioni e adattamenti. Dalle umili origini dei primi grandi magazzini, si è evoluta in un intricato sistema globale, influenzato e plasmato da innumerevoli fattori socio-economici, politici e tecnologici.

L'avvento dei primi grandi magazzini ha rappresentato un punto di svolta nella storia della distribuzione. Questi erano molto più di semplici negozi; erano esperienze immersive, con ampi spazi dedicati alla presentazione dei prodotti, rendendo lo shopping un'esperienza sociale e culturale. Le persone non andavano solo per acquistare, ma per vivere un'esperienza, per vedere e essere viste.

La diversificazione dei formati di vendita, con l'introduzione di supermercati e negozi a prezzi scontati, ha reso l'acquisto di beni di consumo più accessibile e conveniente. Questo ha segnato l'inizio di un cambiamento radicale nel comportamento del consumatore, spostando l'attenzione dalla qualità alla quantità, dal servizio al prezzo.

L'espansione postbellica ha visto l'ascesa di catene come Walmart, che ha rivoluzionato ulteriormente il settore attraverso l'introduzione di strategie di pricing aggressive e l'ottimizzazione della supply chain. L'efficienza operativa è diventata la chiave del successo, permettendo di abbattere i costi e offrire prezzi sempre più competitivi.

L'era della globalizzazione ha aperto nuovi orizzonti per la grande distribuzione. La possibilità di entrare in nuovi mercati ha presentato opportunità, ma anche sfide. La necessità di adattare i modelli di business alle diverse culture e normative ha messo alla prova la flessibilità e l'innovatività delle grandi catene. In questo contesto, l'internazionalizzazione non era solo una questione di espansione geografica, ma richiedeva una profonda comprensione delle dinamiche locali e un'attenta gestione delle relazioni con fornitori e clienti.

La rivoluzione digitale ha aperto la porta a un nuovo mondo di possibilità. L'e-commerce ha ridefinito le regole del gioco, abbattendo le barriere geografiche e rendendo lo shopping un'esperienza sempre più personalizzata e on-demand. Amazon ha guidato questa trasformazione, sfruttando la potenza dei dati e

della tecnologia per offrire una vasta gamma di prodotti, servizi di consegna rapidi e un'esperienza utente senza precedenti.
Ma l'evoluzione della grande distribuzione non si è fermata al digitale. La crescente consapevolezza delle questioni ambientali e sociali ha portato a una riflessione profonda sul ruolo delle aziende nella società. La sostenibilità è diventata un imperativo, non solo per rispondere alle richieste dei consumatori, ma per garantire la resilienza e la sostenibilità a lungo termine del business. In questo scenario, iniziative come il riciclaggio dei rifiuti, l'uso di energie rinnovabili e la promozione di prodotti etici hanno guadagnato sempre più terreno.

La pandemia di COVID-19 ha accelerato molte delle tendenze in atto, mettendo in evidenza la vulnerabilità delle supply chain globali e l'importanza della digitalizzazione. L'aumento esponenziale dell'e-commerce durante i lockdown ha evidenziato la necessità di una solida infrastruttura digitale e di soluzioni logistiche efficienti. Allo stesso tempo, ha messo in luce l'importanza della flessibilità e dell'adattabilità in un mondo in costante cambiamento.

Guardando al futuro, è chiaro che la grande distribuzione continuerà a evolversi, spinta dalle tecnologie emergenti e dai cambiamenti nei comportamenti dei consumatori. La blockchain, l'intelligenza artificiale e l'Internet delle Cose sono solo alcune delle tecnologie che stanno già iniziando a plasmare il futuro del settore. Queste offrono opportunità per aumentare l'efficienza, migliorare la tracciabilità dei prodotti e personalizzare ulteriormente l'offerta.

In questo contesto dinamico e in continua evoluzione, le aziende di grande distribuzione sono chiamate a navigare in acque incerte, bilanciando innovazione e rischio, efficienza e responsabilità. La strada che hanno davanti è piena di sfide, ma anche di opportunità, e sarà interessante vedere come si adatteranno e plasmeranno il futuro della distribuzione nel mondo moderno.

La trasformazione della grande distribuzione si può anche vedere nella continua adattabilità e reinvenzione delle strategie commerciali e dei modelli di business. Le dinamiche competitivi sono diventate sempre più intense, portando le aziende a cercare vantaggi unici per distinguersi in un mercato saturato. I programmi di fedeltà, le strategie di differenziazione dei prodotti e l'attenzione al design dei punti vendita sono tutti esempi di come la grande distribuzione ha cercato di catturare e mantenere la clientela. Un'altra dimensione significativa è rappresentata dalle sfide e opportunità create dalle aspettative in continua evoluzione dei consumatori. La trasparenza, l'autenticità e l'integrità sono diventate qualità sempre più importanti. I consumatori moderni, dotati di strumenti digitali che permettono la comparazione istantanea dei prezzi e la verifica delle recensioni, sono diventati sempre più esigenti e informati.

L'avvento della personalizzazione di massa ha visto la grande distribuzione adottare tecnologie per analizzare i dati dei consumatori e offrire prodotti e servizi su misura. L'intelligenza artificiale e l'analisi dei dati hanno permesso di prevedere le tendenze di acquisto e personalizzare le offerte, creando un'esperienza d'acquisto sempre più centrata sull'individuo. La spinta verso la sostenibilità e l'etica è un altro aspetto cruciale. I consumatori sono sempre più consapevoli dell'impatto ambientale e sociale dei loro acquisti, e le aziende della grande distribuzione hanno risposto attraverso la promozione di prodotti biologici, equosolidali e a km zero, nonché attraverso l'adozione di pratiche commerciali etiche e sostenibili.

L'integrazione di tecnologie innovative non si limita all'e-commerce e all'analisi dei dati, ma permea anche la logistica e la gestione delle scorte. L'automazione e la robotizzazione dei magazzini, la logistica avanzata e l'uso di droni e veicoli autonomi per le consegne sono tutti elementi che stanno plasmando il futuro della grande distribuzione, riducendo i tempi di consegna e migliorando l'efficienza operativa. È anche fondamentale considerare l'importanza delle relazioni con i fornitori. Le grandi catene di distribuzione hanno sviluppato complesse reti di fornitura e produzione, e la gestione di queste relazioni è cruciale. La negoziazione dei prezzi, la garanzia di standard qualitativi e la gestione dei rischi sono tutti aspetti che influenzano la riuscita delle operazioni di distribuzione. L'interazione con la normativa è un altro elemento che non può essere trascurato. Le politiche governative, le norme commerciali e le regolamentazioni fiscali hanno un impatto significativo sulla struttura e sulle operazioni delle aziende di grande distribuzione. La compliance non è solo una necessità legale, ma può influenzare anche la reputazione e l'immagine dell'azienda agli occhi dei consumatori.

La resilienza e la capacità di adattamento sono diventate qualità sempre più importanti in un'era caratterizzata da incertezza e cambiamento continuo. Le crisi economiche, i cambiamenti demografici, le nuove tendenze di consumo e i progressi tecnologici sono tutti fattori che influenzano il panorama della grande distribuzione, richiedendo una continua revisione e aggiornamento delle strategie e dei modelli operativi.

Le lezioni apprese da successi e fallimenti passati illuminano la strada per il futuro. Casistica e analisi di casi specifici offrono approfondimenti preziosi su cosa funziona e cosa no, permettendo alle aziende di apprendere e adattarsi. La capacità di apprendere e innovare è, quindi, fondamentale per mantenere la competitività in un settore tanto dinamico e sfidante.
In questa prospettiva, il ruolo delle risorse umane e della cultura aziendale è essenziale. La motivazione, la formazione e il benessere dei dipendenti sono fattori chiave che influenzano la produttività e l'efficienza, e la creazione di un ambiente di lavoro positivo e inclusivo può essere un fattore differenziante nel panorama competitivo.

La grande distribuzione moderna, quindi, è un settore in continuo divenire, che riflette e risponde alle sfide e alle opportunità di un mondo in rapida evoluzione. La sua storia è un racconto di innovazione e adattamento, che continua a scriversi ogni giorno.

In sintesi, la storia della grande distribuzione è intrinsecamente legata alla trama del progresso tecnologico, socio-economico e culturale della società. Essa è caratterizzata da un'evoluzione costante, dove ogni epoca ha portato nuovi sviluppi e sfide. Dall'emergere dei primi grandi magazzini e supermercati, all'esplosione dell'e-commerce, fino all'enfasi contemporanea su sostenibilità e etica, il settore ha visto trasformazioni significative che hanno influenzato non solo il modo in cui i prodotti sono venduti e distribuiti, ma anche il comportamento e le aspettative dei consumatori. La tecnologia ha avuto un ruolo fondamentale in questa evoluzione, non solo attraverso la digitalizzazione e l'e-commerce, ma anche attraverso l'innovazione nella logistica, l'automazione, e l'utilizzo dei dati. Questi sviluppi hanno permesso alle aziende di ottimizzare le operazioni, personalizzare le offerte e rispondere in modo più efficace alle esigenze dei consumatori, ma hanno anche portato nuove

sfide in termini di privacy, sicurezza e
concorrenza.

L'attenzione crescente verso la sostenibilità e la
responsabilità sociale rappresenta una svolta
significativa. Non si tratta più solo di offrire
prodotti a prezzi competitivi, ma di farlo in modo
etico e sostenibile. Questo cambio di paradigma è
sia una risposta alle crescenti preoccupazioni
sociali e ambientali che una strategia proattiva
per costruire un modello di business resiliente e a
lungo termine.

Le relazioni con fornitori e stakeholders, la
gestione delle risorse umane, la compliance
normativa e la costruzione di un'immagine e
reputazione aziendale positiva sono tutti
elementi chiave che contribuiscono al successo
nel panorama della grande distribuzione
moderna. Questi fattori, insieme all'abilità di
adattarsi rapidamente a un ambiente in costante
mutamento, definiscono la capacità di un'azienda
di rimanere competitiva e prosperare.

Infine, la storia della grande distribuzione è una
testimonianza dell'ingegno umano e della
capacità di adattamento. Ogni sfida è stata
un'opportunità per innovare, ogni problema ha
aperto la porta a nuove soluzioni. L'intersezione
tra business, tecnologia e società continuerà a
plasmare il futuro della grande distribuzione,

offrendo scenari inesplorati e possibilità infinite. L'abilità di apprendere dai successi e dagli errori del passato e di navigare in questo panorama complesso e dinamico determinerà chi emergerà come leader nel settore della grande distribuzione nel futuro.

2. Tipologie di Strutture (Ipermercati, Supermercati, Discount, ecc.)

Nel panorama della grande distribuzione, esistono diverse tipologie di strutture che si differenziano per dimensioni, assortimento di prodotti, posizionamento di prezzo e servizi offerti ai clienti. Queste includono:

1. **Ipermercati:** Gli ipermercati sono grandi strutture commerciali che offrono un vasto assortimento di prodotti alimentari e non alimentari. Caratterizzati da ampie superfici di vendita, propongono un'ampia gamma di categorie merceologiche, spesso includendo abbigliamento, elettrodomestici, prodotti per la casa, e articoli per il tempo libero, oltre ai generi alimentari.

2. **Supermercati:** I supermercati sono di dimensioni inferiori rispetto agli ipermercati e si focalizzano principalmente sulla vendita di prodotti alimentari, benché offrano anche una selezione di prodotti non alimentari. Sono

comuni nelle aree urbane e suburbane e puntano sulla convenienza e la vicinanza con i consumatori.

3. **Discount:** I negozi di discount offrono prodotti a prezzi inferiori rispetto ad altri tipi di negozi. La riduzione dei costi è ottenuta attraverso una limitata varietà di prodotti, imballaggi economici, e l'efficienza operativa. Questi negozi attirano clienti sensibili ai prezzi e sono spesso associati a marche a basso costo.

4. **Cash & Carry:** I Cash & Carry sono magazzini all'ingrosso dove le aziende e, in alcuni casi, i consumatori possono acquistare merci in quantità. Questi punti vendita sono orientati principalmente ai piccoli imprenditori, ai rivenditori e ai ristoratori.

5. **Convenience Store:** I convenience store sono piccoli negozi situati in aree urbane densamente popolate o lungo strade trafficate. Sono aperti in orari estesi, spesso 24 ore su 24, e offrono una gamma limitata di prodotti di uso quotidiano a prezzi leggermente superiori rispetto ai supermercati.

6. **Specialty Store:** I negozi specializzati si concentrano su una specifica categoria di prodotti, come elettronica, libri, o prodotti biologici, offrendo un assortimento profondo e una consulenza specializzata. Sono spesso

caratterizzati da un'immagine di qualità e
competenza nel loro segmento.

7. **Online Retailers:** I rivenditori online operano
   su piattaforme digitali e offrono una vasta
   gamma di prodotti che possono essere acquistati
   su internet. Amazon è un esempio prominente di
   rivenditore online. L'e-commerce ha visto una
   crescita significativa negli ultimi anni, con un
   numero crescente di consumatori che
   preferiscono fare acquisti online per comodità.

8. **Warehouse Clubs:** I club di magazzino, come
   Costco, offrono ai membri l'accesso a prezzi
   scontati su prodotti all'ingrosso in cambio di una
   quota di iscrizione annuale. Questi negozi si
   caratterizzano per grandi dimensioni e un
   assortimento variato di prodotti.

9. **Pop-up Stores:** I pop-up stores sono negozi
   temporanei che aprono per un periodo limitato di
   tempo, spesso per promuovere un marchio o un
   prodotto specifico. Sono utilizzati come strategia
   di marketing per creare urgenza e esclusività.
   Ognuna di queste tipologie di strutture ha
   caratteristiche uniche e soddisfa diverse esigenze
   dei consumatori. La scelta della tipologia di
   struttura influisce sulla strategia di marketing,
   sul posizionamento nel mercato e sull'esperienza
   d'acquisto del consumatore. Inoltre, l'evoluzione
   del comportamento dei consumatori e delle
   tecnologie continua a plasmare il panorama della

grande distribuzione, dando origine a nuovi formati e modelli di business.

La diversificazione delle tipologie di strutture nella grande distribuzione è un riflesso delle mutevoli esigenze e abitudini dei consumatori. Ogni tipo di struttura è calibrato per rispondere a specifiche necessità, che possono variare da un'ampia scelta di prodotti, a prezzi competitivi, a comodità e velocità d'acquisto. Ad esempio, mentre gli ipermercati puntano sulla varietà e l'assortimento, i discount si concentrano sull'offrire prezzi bassi riducendo i servizi aggiuntivi.

La posizione geografica è un altro fattore critico nella strategia di queste strutture. Mentre supermercati e convenience store sono spesso situati in posizioni centrali o in quartieri densamente popolati per attrarre i consumatori locali, gli ipermercati e i warehouse clubs possono permettersi di essere posizionati in aree più periferiche, data la loro capacità di attrarre clienti da un'area geografica più ampia. L'evoluzione tecnologica ha avuto un impatto significativo anche sulla forma fisica dei negozi. La crescente integrazione della tecnologia nei punti vendita, come l'uso di app per dispositivi mobili, self-checkout, e sistemi di pagamento contactless, ha migliorato l'efficienza e l'esperienza d'acquisto, e allo stesso tempo ha modificato il layout e la disposizione dei negozi. Il design e l'atmosfera dei negozi sono diventati elementi sempre più importanti nella strategia della grande distribuzione. La creazione di un ambiente accogliente, l'uso di luci e colori, e l'organizzazione dello spazio influenzano il comportamento d'acquisto dei consumatori e contribuiscono a costruire l'immagine del marchio. Ad esempio, i negozi specializzati possono utilizzare elementi di design distintivi per comunicare la loro competenza e qualità in un determinato settore.

Le strategie di fidelizzazione della clientela variano significativamente tra le diverse tipologie di strutture. Mentre i discount possono attirare clienti principalmente attraverso prezzi bassi, ipermercati e specialty stores possono investire in programmi di fedeltà, servizi personalizzati, e esperienze d'acquisto uniche per costruire relazioni a lungo termine con i clienti.

Inoltre, la gestione delle scorte e della logistica è fondamentale e si diversifica a seconda della tipologia di struttura. Ipermercati e warehouse clubs richiedono una gestione complessa delle scorte data la vastità dell'assortimento e delle quantità, mentre i convenience store e i pop-up stores possono operare con scorte limitate e ricorrenti, focalizzandosi su prodotti ad alta rotazione.

Un altro aspetto rilevante è la comunicazione e il marketing. Ogni tipo di struttura richiede una strategia di comunicazione su misura. Ad esempio, mentre gli online retailers possono concentrarsi principalmente sul marketing digitale e sull'ottimizzazione dei motori di ricerca, i supermercati possono ancora trovare efficace la pubblicità tradizionale e le promozioni in negozio.

L'emergere del commercio online ha anche portato alla nascita di nuovi modelli ibridi. Alcune catene di supermercati stanno sperimentando modelli click-and-collect, dove i clienti possono ordinare online e ritirare in negozio, combinando la comodità dell'acquisto online con la rapidità del ritiro in loco. L'importanza crescente della sostenibilità sta influenzando le strategie operative di tutte le tipologie di strutture. L'adozione di pratiche ecologiche, come l'uso di imballaggi sostenibili, la riduzione degli sprechi, e l'offerta di prodotti locali e biologici, sta diventando un elemento distintivo e un valore aggiunto per i consumatori.

In questo contesto dinamico, l'abilità di anticipare le tendenze, adattarsi ai cambiamenti del mercato e innovare continuamente è essenziale per mantenere la competitività e soddisfare le aspettative sempre più elevate dei consumatori in termini di qualità, prezzo, servizio, e responsabilità. La comprensione approfondita delle caratteristiche e delle dinamiche specifiche di ogni tipologia di struttura è fondamentale per sviluppare strategie efficaci e sostenibili nel tempo.

Analizzando ulteriormente la varietà di strutture nella grande distribuzione, è importante evidenziare come la personalizzazione dell'offerta e la differenziazione siano diventate strategie chiave. La crescente diversità dei bisogni e dei comportamenti d'acquisto dei consumatori richiede un approccio sempre più segmentato e mirato. Ad esempio, alcuni supermercati stanno ampliando la loro offerta di prodotti biologici, locali e di nicchia per attrarre clienti più attenti alla qualità e all'origine dei prodotti.
La flessibilità operativa è un altro elemento essenziale. Le strutture devono essere in grado di adattarsi rapidamente a cambiamenti nel comportamento dei consumatori, nelle condizioni di mercato e nelle normative. L'introduzione di tecnologie avanzate, come la

robotica e l'intelligenza artificiale, sta trasformando la gestione delle scorte, la logistica e le interazioni con i clienti, rendendo le operazioni più efficienti e responsive.
È interessante anche notare l'evoluzione delle relazioni tra produttori e distributori. Le dinamiche di potere e i modelli di collaborazione sono in continua evoluzione, con una crescente integrazione delle catene di approvvigionamento e l'emergere di partnership strategiche. La trasparenza e la tracciabilità delle materie prime e dei prodotti finiti sono diventate questioni centrali, alimentando la crescente richiesta di certificazioni e standard di qualità.

Allo stesso tempo, l'aspetto della responsabilità sociale delle imprese sta assumendo un ruolo sempre più centrale nella strategia della grande distribuzione. L'attenzione alla sostenibilità ambientale, ai diritti dei lavoratori e al benessere delle comunità locali sono diventati fattori determinanti nella percezione del marchio e nella lealtà dei consumatori. In questo contesto, le iniziative di responsabilità sociale corporativa e le pratiche di business etico sono strumenti essenziali per costruire un'immagine positiva e attrarre clienti consapevoli.

Le strategie di prezzo e promozionali sono altamente diversificate tra le varie tipologie di strutture. Mentre i discount e i club di magazzino competono principalmente sul prezzo, offrendo prodotti a basso costo in un ambiente no-frills, gli specialty stores e i negozi di lusso si concentrano sulla creazione di un'esperienza d'acquisto esclusiva e sull'offerta di prodotti di alta qualità e servizi premium. La definizione della giusta strategia di prezzo richiede una profonda conoscenza del mercato, dei concorrenti e delle aspettative dei clienti, e può avere un impatto significativo sulla redditività dell'impresa.

Nel contesto omnicanale, l'integrazione tra canali fisici e digitali è fondamentale. La presenza online è diventata essenziale per la visibilità del marchio e per attrarre clienti, mentre i punti vendita fisici continuano a giocare un ruolo cruciale nell'offrire un servizio personalizzato e nel costruire relazioni con la clientela. La combinazione di canali online e offline consente di raggiungere un pubblico più ampio e di offrire una varietà di modi per interagire con il marchio, aumentando le opportunità di vendita e fidelizzazione.
Infine, la formazione e lo sviluppo del personale sono aspetti cruciali per il successo della grande

distribuzione. La qualità del servizio al cliente, la competenza e la professionalità dei dipendenti possono fare la differenza in un mercato competitivo. Investire nella formazione e nel benessere dei lavoratori è quindi una strategia vincente per migliorare la soddisfazione dei clienti e la performance aziendale.

Osservando l'intero panorama, è chiaro che la grande distribuzione moderna è un settore complesso e dinamico, in cui la capacità di innovare, adattarsi e rispondere alle esigenze dei consumatori è fondamentale per il successo a lungo termine.

In sintesi, la varietà e la complessità delle tipologie di strutture nella grande distribuzione moderna sono rappresentative dell'adattamento e dell'innovazione che contraddistinguono questo settore. Dalle dimensioni e posizione geografica degli ipermercati, ai modelli di prezzo dei discount, ogni tipologia di struttura rivela una strategia mirata a soddisfare specifiche esigenze del consumatore.

La continua evoluzione tecnologica ha reso possibile una maggiore efficienza operativa e ha trasformato il modo in cui i clienti interagiscono con le strutture, dando luogo a nuovi modelli di business e a soluzioni ibride tra il fisico e il digitale. La sostenibilità ambientale e la responsabilità sociale d'impresa sono diventate priorità centrali, influenzando non solo le operazioni quotidiane, ma anche l'immagine del marchio e le relazioni con i consumatori.

Le relazioni tra produttori e distributori hanno subito significative trasformazioni, con l'instaurarsi di nuove dinamiche di potere e di collaborazione, alimentando la necessità di maggiore trasparenza e tracciabilità. Le strategie di prezzo e promozionali, diversificate e calibrate sulle caratteristiche di ogni tipologia di struttura, riflettono l'importanza di una profonda conoscenza del mercato e delle aspettative dei clienti.

L'integrazione tra canali fisici e digitali è diventata una componente essenziale delle strategie di vendita, permettendo di raggiungere un pubblico più ampio e di offrire una varietà di modi per interagire con il marchio. E infine, l'attenzione al capitale umano, alla formazione e allo sviluppo del personale, sottolinea il ruolo cruciale che la competenza e la professionalità dei dipendenti giocano nel successo delle strutture della grande distribuzione.

Attraverso una comprensione dettagliata di queste dinamiche, è possibile apprezzare la complessità e la ricchezza del settore della grande distribuzione moderna e identificare le leve strategiche per competere con successo in un

mercato in continua evoluzione. La grande
distribuzione moderna, quindi, rappresenta un
microcosmo in cui s'incontrano e s'intrecciano
innovazione, adattamento, sostenibilità e
relazioni umane, costituendo un elemento
fondamentale dell'economia contemporanea e
della vita quotidiana delle persone.

3. Geografia della Distribuzione (Ubicazione,
Concentrazione, ecc.)

La geografia della distribuzione rappresenta un
elemento cruciale nella strategia delle catene
della grande distribuzione. L'ubicazione, la
concentrazione e la disposizione geografica dei
punti vendita influenzano direttamente il
successo e la competitività di un'impresa nel
settore.

1. **Ubicazione:**
   - **Centri Urbani:** Molti supermercati e
     negozi di convenienza sono ubicati nei
     centri urbani o nelle periferie cittadine per
     raggiungere una densa popolazione. La
     prossimità ai clienti è essenziale per il
     traffico pedonale e la frequenza degli
     acquisti.

- **Aree Periferiche:** Ipermercati e centri commerciali sono spesso situati in periferia, dove c'è disponibilità di ampi spazi e parcheggi, attrattiva per un bacino di utenza più ampio.
- **Zone Rurali:** In queste zone, si possono trovare piccoli negozi di convenienza o supermercati di prossimità che servono comunità meno densamente popolate.

2. **Concentrazione e Competizione:**
   - **Alta Concentrazione:** In alcune aree geografiche, la presenza di numerosi punti vendita di diverse insegne può intensificare la competizione, influenzando le strategie di prezzo e assortimento.
   - **Monopolio/duopolio:** In alcune regioni o città, la presenza di un unico grande player o di due concorrenti principali può determinare dinamiche di mercato specifiche.

3. **Accessibilità e Infrastrutture:**
   - **Vie di Comunicazione:** La vicinanza a strade principali, autostrade e infrastrutture di trasporto pubblico è fondamentale per la visibilità e l'accessibilità.
   - **Parcheggi e Servizi:** La disponibilità di parcheggi, servizi aggiuntivi come banche,

farmacie e ristorazione, incrementano l'attrattività.

4. **Demografia e Caratteristiche del Territorio:**
   - **Popolazione:** L'analisi demografica, la densità di popolazione e il potere d'acquisto influenzano la scelta della ubicazione e la tipologia di negozio.
   - **Caratteristiche Socioeconomiche:** Le abitudini di consumo, le preferenze e le esigenze della popolazione locale devono essere analizzate per ottimizzare l'offerta.
5. **Fattori Ambientali e Normativi:**
   - **Normative Locali:** Le normative e i regolamenti locali riguardanti l'edilizia, l'ambiente e il commercio possono influire sulla localizzazione e sull'operatività dei punti vendita.
   - **Sostenibilità:** L'impatto ambientale e la sostenibilità giocano un ruolo crescente nelle decisioni relative all'ubicazione e alla costruzione.
6. **Trend e Sviluppi Futuri:**
   - **E-commerce e Logistica:** La crescita dell'e-commerce influisce sulla geografia della distribuzione, con la necessità di magazzini e centri di distribuzione strategici.

- **Urbanizzazione e Mobilità:** I trend di urbanizzazione e i cambiamenti nella mobilità urbana possono portare a nuove opportunità e sfide per la localizzazione dei negozi.

Analizzare attentamente la geografia della distribuzione e adottare una strategia di localizzazione ottimale è fondamentale per massimizzare la copertura del mercato, attrarre la clientela giusta e competere efficacemente nel paesaggio della grande distribuzione.

Analizzando ulteriormente la geografia della distribuzione, è evidente che l'influenza dell'ubicazione si estende ben oltre la semplice prossimità fisica ai consumatori. Ad esempio, la scelta dell'ubicazione può avere un impatto significativo sulle dinamiche di branding e di immagine di un'azienda. Essere presenti in location di prestigio o in aree ad alto traffico può migliorare la visibilità e la percezione del marchio, mentre la presenza in aree demograficamente diverse può aiutare a raggiungere diversi segmenti di mercato. Inoltre, la configurazione del layout interno del negozio e la progettazione architettonica possono essere influenzate dalla geografia locale. La disponibilità di spazio, le caratteristiche del terreno e le specificità del contesto urbano o

rurale possono determinare decisioni progettuali e logistico-operative, influenzando l'esperienza d'acquisto del cliente e l'efficienza operativa.
La strategia di localizzazione non riguarda solo la scelta del luogo, ma anche il momento. Le tendenze di mercato, le fluttuazioni economiche e le evoluzioni demografiche possono rendere alcune aree più o meno attrattive nel tempo. L'analisi temporale e l'adattamento alle dinamiche di mercato sono quindi fondamentali per mantenere la rilevanza e la competitività.
La gestione delle relazioni con la comunità locale è un altro aspetto cruciale. L'accettazione e il supporto della comunità possono facilitare l'ingresso nel mercato e contribuire al successo a lungo termine. Al contrario, la resistenza della comunità e l'opposizione alle nuove aperture possono rappresentare ostacoli significativi. La partecipazione a iniziative locali, la creazione di partnership e l'ascolto delle esigenze della comunità sono strategie chiave in questo contesto.

Anche l'integrazione con altri attori commerciali e servizi può influenzare la strategia di localizzazione. La presenza di altri negozi, ristoranti, servizi e attrazioni nelle vicinanze può aumentare l'attrattività della location e generare sinergie. L'integrazione con il tessuto commerciale e sociale locale può creare opportunità di collaborazione e di marketing congiunto.

La geografia della distribuzione è inoltre strettamente legata alla logistica e alla supply chain. La prossimità ai fornitori, ai centri di distribuzione e ai nodi di trasporto è fondamentale per ottimizzare i costi di trasporto e garantire la freschezza e la disponibilità dei prodotti. In questo senso, la digitalizzazione e l'innovazione tecnologica stanno apportando cambiamenti significativi, con l'introduzione di soluzioni di trasporto sostenibile, piattaforme logistiche intelligenti e sistemi di tracciabilità avanzati.

Infine, la geografia della distribuzione è influenzata anche dai cambiamenti nel comportamento dei consumatori e dall'evoluzione delle abitudini di acquisto. Il crescente interesse per il commercio online, l'attenzione alla sostenibilità e alle produzioni locali, e la ricerca di esperienze d'acquisto uniche e personalizzate stanno modellando il paesaggio della grande distribuzione e influenzando le strategie di localizzazione e di sviluppo.

In questo contesto dinamico e multifattoriale, la capacità di interpretare e anticipare i trend, di adattarsi al territorio e di integrarsi con la comunità e il tessuto economico locale sono competenze chiave per la grande distribuzione moderna.

Approfondendo ancora, è evidente che un altro elemento essenziale nella geografia della distribuzione è l'analisi dettagliata del contesto socio-culturale di un'area. La cultura locale, le tradizioni, i valori e le norme sociali influenzano significativamente le abitudini di consumo e possono determinare il successo o il fallimento di un punto vendita. Comprendere e rispettare la cultura locale è quindi fondamentale per sviluppare un'offerta e un servizio che rispondano alle esigenze e alle aspettative della comunità.

Inoltre, la dimensione politico-istituzionale del territorio di insediamento gioca un ruolo significativo. Le politiche locali, regionali e nazionali, le regolamentazioni urbanistiche, gli incentivi e i vincoli possono facilitare o complicare l'apertura e la gestione dei punti vendita. Una buona relazione con le autorità locali e una conoscenza approfondita del quadro normativo sono quindi indispensabili per navigare con successo nel contesto istituzionale. Un altro aspetto rilevante è la resilienza e la flessibilità della rete distributiva. Le imprese della grande distribuzione devono essere in grado di adattarsi rapidamente a cambiamenti improvvisi del contesto, come crisi economiche, eventi climatici estremi o emergenze sanitarie. La capacità di mantenere la continuità operativa e di rispondere in modo efficace a scenari di crisi è quindi un elemento chiave della strategia distributiva.

La tecnologia e la digitalizzazione rappresentano inoltre leve strategiche per ottimizzare la geografia della distribuzione. L'uso avanzato di dati e analitica permette di affinare le scelte di localizzazione, migliorare la gestione delle scorte, personalizzare l'offerta e potenziare l'interazione con i clienti. L'innovazione tecnologica offre quindi nuove opportunità per rendere la rete distributiva più efficace e sostenibile.

Nel contesto della sostenibilità, la valutazione dell'impatto ambientale delle attività di distribuzione è sempre più centrale. La scelta dei materiali, l'efficienza energetica degli edifici, la gestione dei rifiuti e delle emissioni, la promozione di prodotti sostenibili e locali sono tutti fattori che influenzano la reputazione e la performance dell'impresa nel lungo termine. Infine, l'evoluzione delle dinamiche competitive porta le imprese della grande distribuzione a esplorare nuove frontiere geografiche. L'internazionalizzazione e l'espansione in nuovi mercati sono strategie ambiziose che richiedono una conoscenza approfondita delle specificità locali e una forte capacità di adattamento. Le sfide e le opportunità dei mercati internazionali aggiungono quindi un ulteriore livello di complessità alla geografia della distribuzione. In questo panorama variegato e in continua evoluzione, la grande distribuzione deve saper bilanciare tra l'ancoraggio al territorio e l'innovazione, tra la risposta alle esigenze locali e la visione globale, per costruire reti distributive resilienti, sostenibili e competitive.

In sintesi, la geografia della distribuzione nella grande distribuzione moderna è un mosaico intricato e dinamico, dove molteplici fattori interagiscono e si influenzano a vicenda.

L'ubicazione, la concentrazione, la connessione con il territorio e l'accessibilità sono solo alcune delle dimensioni che definiscono il paesaggio distributivo.

Il successo nel posizionamento geografico non dipende solo dalla mera prossimità fisica ai consumatori, ma dalla capacità di integrarsi con il tessuto socio-culturale, economico e normativo del territorio. La cultura locale, le tradizioni, le norme sociali, e le politiche istituzionali delineano un contesto unico in cui ogni punto vendita deve saper operare, adattarsi e innovare. L'analisi approfondita del contesto, unita alla flessibilità e alla resilienza operativa, permette alle imprese di affrontare sfide e opportunità, mantenendo la continuità e l'efficacia del servizio in scenari variabili. La tecnologia e la digitalizzazione, attraverso l'analisi dei dati e l'innovazione, rappresentano strumenti essenziali per affinare le scelte strategiche e ottimizzare la rete distributiva.

La sostenibilità ambientale si impone come un imperativo categorico, influenzando non solo la reputazione e l'immagine dell'impresa, ma anche la sua sostenibilità economica nel lungo termine. L'attenzione all'impatto ambientale, l'efficienza energetica, la promozione di prodotti sostenibili sono pilastri di una strategia distributiva responsabile e lungimirante.

L'internazionalizzazione e l'espansione in nuovi mercati aprono nuovi orizzonti, introducendo ulteriori livelli di complessità e nuove variabili da considerare. La conoscenza e la comprensione delle specificità locali, la capacità di adattamento e la visione globale sono competenze fondamentali per navigare con successo in acque internazionali.

In conclusione, la geografia della distribuzione è una disciplina articolata e multidimensionale, che richiede una visione olistica e integrata, un equilibrio tra radicamento locale e apertura globale, tra tradizione e innovazione. Solo attraverso un approccio strategico e consapevole, la grande distribuzione può realizzare reti distributive che siano al contempo resilienti, sostenibili e competitive, in grado di rispondere alle esigenze di un mercato sempre più esigente e in evoluzione.

4. Evoluzione Tecnologica (E-commerce, App, Self-Checkout, ecc.)

L'evoluzione tecnologica ha avuto un impatto profondo e trasformativo sulla grande distribuzione, modificando sia l'interazione con i consumatori sia le operazioni interne. Questa evoluzione si manifesta in diversi aspetti, tra cui l'avvento dell'e-commerce, lo sviluppo di applicazioni mobili, l'introduzione di sistemi self-checkout e molto altro.

L'e-commerce ha rivoluzionato il modo in cui i consumatori acquistano prodotti, offrendo comodità, vasta scelta e prezzi competitivi. La grande distribuzione ha dovuto adattarsi a questa nuova realtà, sviluppando piattaforme online, ottimizzando la logistica e integrando i canali fisici e digitali. L'esperienza di acquisto online è diventata sempre più personalizzata, grazie all'uso di big data e intelligenza artificiale che permettono di analizzare le preferenze degli utenti e proporre prodotti e offerte su misura.

Le applicazioni mobili sono diventate uno strumento essenziale per connettere i consumatori con i punti vendita. Attraverso le app, i clienti possono accedere a sconti personalizzati, localizzare i negozi più vicini, verificare la disponibilità dei prodotti e molto altro. Queste applicazioni permettono anche di raccogliere dati preziosi sul comportamento d'acquisto, migliorando la conoscenza della clientela e affinando le strategie di marketing.

Il self-checkout rappresenta un'altra innovazione significativa, permettendo ai clienti di effettuare autonomamente il pagamento della merce, riducendo i tempi di attesa e migliorando l'efficienza operativa del negozio. Questa soluzione tecnologica ha anche stimolato lo sviluppo di sistemi antifrode e di sicurezza sempre più avanzati.

Altri sviluppi tecnologici includono l'introduzione della robotica e dell'automazione nei processi logistici e di magazzino, l'uso di etichette RFID per la tracciabilità dei prodotti, e l'impiego di realtà aumentata e virtuale per arricchire l'esperienza d'acquisto.

La sostenibilità è diventata un fattore chiave, spingendo l'adozione di soluzioni tecnologiche eco-compatibili, come l'illuminazione a LED, i sistemi di gestione dell'energia, e i materiali riciclabili o biodegradabili.

Infine, l'evoluzione tecnologica ha portato alla creazione di nuovi modelli di business e di partnership, tra cui la collaborazione tra retailer e start-up tecnologiche, l'apertura verso il mercato dei prodotti locali attraverso piattaforme digitali, e lo sviluppo di ecosistemi integrati di servizi.

L'intero panorama della grande distribuzione è stato plasmato e continuamente riformato da questi avanzamenti tecnologici, che hanno introdotto nuove possibilità, sfide e opportunità. La capacità di adattarsi rapidamente e di sfruttare al meglio le potenzialità offerte dalla tecnologia è divenuta un elemento distintivo e competitivo per le aziende del settore.

In parallelo all'ascesa dell'e-commerce e delle app, le tecnologie blockchain stanno trovando applicazione nel settore della grande distribuzione. Questa tecnologia consente di tracciare l'origine e la movimentazione dei prodotti lungo la filiera, aumentando la trasparenza e la fiducia del consumatore. La blockchain potrebbe rivoluzionare la gestione delle supply chain, riducendo il rischio di frodi e contraffazioni e migliorando la responsabilità sociale delle imprese.

La realtà virtuale (VR) e la realtà aumentata (AR) stanno trasformando l'esperienza di acquisto nel retail. Queste tecnologie offrono ai clienti la possibilità di visualizzare i prodotti in un ambiente tridimensionale, provare virtualmente abbigliamento e accessori, o visualizzare informazioni aggiuntive sugli articoli attraverso l'uso di dispositivi mobili. Questo tipo di interazione potenzia il coinvolgimento del cliente e può influenzare positivamente le decisioni di acquisto.

La crescente importanza dell'Intelligenza Artificiale (IA) e del Machine Learning (ML) è un altro trend inarrestabile nel settore. Queste tecnologie permettono l'analisi di enormi quantità di dati per prevedere i comportamenti d'acquisto, ottimizzare le scorte, personalizzare le offerte e migliorare l'efficienza operativa. L'IA è anche alla base dello sviluppo di chatbot e assistenti virtuali, che possono guidare i clienti durante l'acquisto e rispondere in tempo reale alle loro domande e esigenze.

Il crescente utilizzo di droni per la consegna dei prodotti rappresenta una soluzione innovativa per ridurre i tempi di consegna e raggiungere aree remote o difficilmente accessibili. Questa tecnologia, seppur ancora in fase di sviluppo e regolamentazione, potrebbe diventare un elemento chiave nella logistica della grande distribuzione.

La diffusione dei dispositivi wearable e degli oggetti connessi nell'Internet delle Cose (IoT) offre nuove possibilità per raccogliere dati e interagire con i clienti. Dispositivi come smartwatch o fitness tracker possono fornire informazioni sulle abitudini e le preferenze dei consumatori, permettendo alle aziende di offrire servizi e prodotti sempre più personalizzati.

Nell'ambito della sostenibilità ambientale, la ricerca e lo sviluppo di imballaggi ecocompatibili e soluzioni per la riduzione degli sprechi sono sempre più al centro dell'attenzione. Tecnologie come la stampa 3D possono contribuire alla creazione di imballaggi su misura, riducendo l'utilizzo di materiali e minimizzando gli scarti. Inoltre, l'avvento del 5G sta accelerando la digitalizzazione del retail, migliorando la connettività e permettendo lo sviluppo di servizi e applicazioni innovative. La maggiore velocità e capacità di trasmissione dei dati apre la porta a esperienze di acquisto immersive, a soluzioni di pagamento veloci e sicure, e a una maggiore integrazione tra canali fisici e digitali.

Infine, l'innovazione nel campo dei sistemi di pagamento, con l'avvento di soluzioni come i pagamenti contactless, i portafogli digitali e le criptovalute, sta ridisegnando le transazioni economiche all'interno della grande distribuzione, offrendo ai consumatori maggiore scelta, comodità e sicurezza.

L'impulso alla personalizzazione, guidato dalle nuove tecnologie, sta dando vita a esperienze d'acquisto sempre più su misura. Gli algoritmi di raccomandazione, basati sull'apprendimento automatico, analizzano i dati di acquisto e navigazione degli utenti, suggerendo prodotti e

offerte in linea con i loro interessi e comportamenti passati, migliorando così la conversione e la fidelizzazione del cliente.
La biometria è un'altra tecnologia emergente nel settore della grande distribuzione.
Riconoscimento facciale e impronte digitali sono utilizzati per velocizzare le transazioni, aumentare la sicurezza e offrire un servizio più personalizzato. Questa tecnologia sta trovando applicazione non solo nei sistemi di pagamento, ma anche nella gestione dell'accesso e nella sicurezza dei punti vendita.
Un altro trend significativo è l'adozione della tecnologia voice-commerce. Gli assistenti vocali intelligenti come Alexa, Google Assistant e Siri stanno diventando sempre più popolari, e i consumatori iniziano a utilizzarli per effettuare ricerche di prodotti, comparare prezzi e completare acquisti. Questo cambia il modo in cui i consumatori interagiscono con le piattaforme di e-commerce e richiede alle aziende di ottimizzare i loro contenuti per la ricerca vocale.
La gamification, ovvero l'applicazione di elementi di gioco in contesti non ludici, sta diventando uno strumento efficace per coinvolgere e motivare i consumatori. Programmi di fedeltà, sfide e rewards virtuali sono utilizzati per aumentare la retention dei clienti, incentivare

acquisti ripetuti e raccogliere feedback e dati utili.

L'analisi predittiva, basata su tecniche di machine learning, è utilizzata per anticipare le tendenze di mercato, prevedere la domanda di determinati prodotti e ottimizzare la gestione delle scorte. Questo consente alle aziende di ridurre gli sprechi, migliorare l'efficienza e aumentare la soddisfazione del cliente.

Nel contesto della grande distribuzione, l'etica della tecnologia è diventata un tema cruciale. Le questioni relative alla privacy dei dati, alla sicurezza delle informazioni e all'uso etico dell'intelligenza artificiale sono al centro del dibattito. Le aziende sono chiamate a operare in modo responsabile, garantendo la trasparenza e il rispetto dei diritti dei consumatori.

Le smart cities, ovvero città in cui la tecnologia è utilizzata per migliorare la qualità della vita e l'efficienza dei servizi, offrono nuove opportunità per la grande distribuzione. La crescente connettività e l'interazione tra diversi settori, come il trasporto, l'energia e il retail, permettono la creazione di ecosistemi urbani integrati, in cui l'accesso a beni e servizi è facilitato e ottimizzato.

La realtà mista, che combina elementi di realtà aumentata e virtuale, sta iniziando a fare la sua comparsa nel settore retail. Questa tecnologia consente di creare esperienze immersive e interattive, in cui gli utenti possono visualizzare prodotti in un ambiente tridimensionale, modificare le caratteristiche degli articoli e visualizzare informazioni aggiuntive in tempo reale.

Infine, la crescente importanza dell'economia circolare è un elemento che le aziende della grande distribuzione non possono ignorare. La necessità di ridurre l'impatto ambientale sta spingendo le imprese a riconsiderare i loro modelli di business, promuovere il riutilizzo, il riciclo e la sostenibilità, e adottare tecnologie che supportino queste pratiche.

L'implementazione delle reti di distribuzione alimentata dai big data sta portando a una profonda ottimizzazione delle operazioni. L'analisi dei dati consente alle aziende di monitorare in tempo reale i movimenti delle merci, prevedere i tempi di consegna con maggiore precisione e rispondere in modo proattivo a eventuali imprevisti. Ciò contribuisce a ridurre i costi operativi e a migliorare la soddisfazione del cliente.

Un altro campo in rapida evoluzione è quello della robotica. I robot stanno diventando sempre più comuni nei magazzini e nei centri di distribuzione, dove svolgono compiti come l'imballaggio, il trasporto di merci e la gestione delle scorte. L'automazione robotica dei processi sta migliorando l'efficienza, riducendo gli errori umani e consentendo un rapido adattamento alle fluttuazioni della domanda.

Il crescente interesse per le energie rinnovabili e la sostenibilità sta influenzando anche la grande distribuzione. Le aziende stanno investendo in soluzioni energetiche sostenibili, come pannelli solari e turbine eoliche, per alimentare i loro stabilimenti e ridurre l'impronta di carbonio. L'obiettivo è contribuire alla lotta contro i cambiamenti climatici e rispondere alle crescenti aspettative dei consumatori in materia di sostenibilità.

Inoltre, l'Internet delle Cose (IoT) sta avendo un impatto significativo sulla gestione della catena di approvvigionamento. Sensori e dispositivi connessi permettono il monitoraggio in tempo reale delle condizioni di conservazione dei prodotti, la localizzazione precisa delle merci e la rilevazione tempestiva di anomalie. Questo porta a una maggiore trasparenza, a una riduzione degli sprechi e a una migliore gestione delle risorse.

La grande distribuzione sta anche esplorando le possibilità offerte dalla stampa 3D. Questa tecnologia può essere utilizzata per produrre parti di ricambio su richiesta, personalizzare i prodotti in base alle esigenze del cliente e ridurre i tempi di produzione. La stampa 3D potrebbe rivoluzionare i modelli di produzione e distribuzione, avvicinando la produzione al punto di vendita e riducendo la necessità di magazzini. Le tecnologie di pagamento digitale continuano a evolversi, offrendo soluzioni sempre più innovative e sicure. Le tecnologie di pagamento senza contatto, come il Near Field Communication (NFC), consentono transazioni veloci e sicure, riducendo i tempi di attesa alle casse e migliorando l'esperienza d'acquisto. Inoltre, il crescente interesse per la salute e il benessere sta influenzando la varietà e la tipologia di prodotti offerti dalla grande distribuzione. Le aziende stanno rispondendo alla domanda di prodotti biologici, senza glutine, vegani e a basso contenuto di zuccheri, adattando la loro offerta e sperimentando con nuovi formati e canali di vendita.

Un altro fattore che sta plasmando l'industria è l'ascesa dei marchi etici e sostenibili. I consumatori sono sempre più consapevoli dell'impatto ambientale e sociale dei loro acquisti e cercano prodotti che rispecchino i loro valori. Questo sta spingendo le aziende a ripensare le loro strategie, a investire in pratiche di produzione sostenibile e a comunicare in modo trasparente i loro impegni etici.

Le collaborazioni tra aziende tecnologiche e retailer stanno diventando sempre più frequenti, al fine di sviluppare soluzioni innovative e rispondere alle sfide del mercato. Queste partnership possono portare a nuove opportunità di business, a un miglioramento delle competenze e alla creazione di valore aggiunto per i clienti.

Infine, la crescente globalizzazione del mercato sta portando a una maggiore competizione, ma anche a nuove opportunità di espansione internazionale. Le aziende della grande distribuzione devono adattarsi a diversi contesti culturali, normativi e di mercato, sviluppando strategie flessibili e sostenibili per avere successo a livello globale.

L'evoluzione tecnologica nella grande distribuzione ha portato ad una trasformazione senza precedenti di questa industria, che ha visto l'introduzione e l'implementazione di numerose innovazioni tecnologiche, ognuna delle quali ha contribuito a modellare e influenzare l'intero ecosistema.

L'adozione di tecnologie come l'e-commerce, le app per dispositivi mobili e i sistemi self-checkout ha non solo offerto ai consumatori più opzioni e comodità nell'acquisto, ma ha anche aiutato i dettaglianti a raccogliere dati preziosi, ottimizzare le operazioni di negozio e magazzino, e personalizzare l'offerta in base alle preferenze del cliente. L'e-commerce, in particolare, ha permesso ai retailer di raggiungere un pubblico globale, superando le barriere geografiche e creando nuove opportunità di mercato. L'intelligenza artificiale e il machine learning stanno giocando un ruolo fondamentale nell'analisi dei dati dei consumatori, nella previsione delle tendenze e nella personalizzazione delle offerte. Questi strumenti tecnologici permettono una segmentazione avanzata della clientela, una migliore comprensione dei bisogni e desideri dei consumatori e una risposta più efficace alle esigenze del mercato.

Le tecnologie biometriche e di riconoscimento facciale sono state implementate per migliorare la sicurezza e velocizzare le transazioni, mentre gli assistenti vocali stanno cambiando il modo in cui i consumatori cercano e acquistano prodotti, rendendo la ricerca vocale un elemento essenziale delle strategie di marketing digitale. La gamification è utilizzata per aumentare l'engagement dei clienti, e l'analisi predittiva contribuisce a ottimizzare la gestione delle scorte e prevenire gli sprechi. Inoltre, l'attenzione alla sostenibilità e all'etica sta influenzando le decisioni aziendali, con una crescente adozione di pratiche di economia circolare e un impegno verso la trasparenza e la responsabilità.

Le innovazioni nel campo dell'IoT, della robotica e della stampa 3D stanno apportando miglioramenti significativi nell'efficienza operativa, nella gestione della catena di approvvigionamento e nella personalizzazione dei prodotti. La stampa 3D, in particolare, offre possibilità rivoluzionarie, avvicinando la produzione al punto di vendita e riducendo la necessità di magazzini.

L'introduzione e l'evoluzione delle tecnologie di pagamento digitale stanno migliorando l'esperienza d'acquisto, rendendo le transazioni più veloci e sicure, mentre la crescente varietà di prodotti risponde alle nuove esigenze di salute e benessere dei consumatori.

La collaborazione tra aziende tecnologiche e retailer, insieme alla globalizzazione del mercato, stanno creando un panorama di grande distribuzione sempre più competitivo, dinamico e diversificato. La capacità di adattarsi rapidamente a nuove tecnologie e tendenze, di rispondere in modo etico e sostenibile alle esigenze dei consumatori e di navigare con successo in un contesto internazionale saranno elementi chiave per il futuro della grande distribuzione.

In sintesi, l'evoluzione tecnologica sta influenzando profondamente ogni aspetto della grande distribuzione, dalla produzione alla distribuzione, dal marketing alla vendita, e continua a offrire nuove opportunità e sfide per i retailer e i consumatori. La comprensione e l'adozione di queste tecnologie sono essenziali per chi opera in questo settore e desidera rimanere competitivo in un mercato in continua evoluzione.

5. Logistica e Supply Chain

La logistica e la supply chain sono elementi fondamentali nella grande distribuzione. Esse includono l'insieme dei processi e delle attività necessarie per trasportare i prodotti dal punto di origine al punto di vendita, gestendo efficientemente le scorte e soddisfacendo la domanda del consumatore.

1. **Efficienza e Ottimizzazione:** La necessità di ridurre i costi e i tempi di consegna ha portato a una costante ricerca di efficienza e ottimizzazione. L'adozione di sistemi informativi avanzati, come l'ERP (Enterprise Resource Planning) e il WMS (Warehouse Management System), consente una gestione più accurata delle scorte, un monitoraggio in tempo reale delle

spedizioni e una pianificazione ottimizzata dei trasporti.

2. **Sostenibilità:** L'attenzione crescente verso l'ambiente sta spingendo le aziende a cercare soluzioni logistiche sostenibili. Ciò include l'utilizzo di veicoli a basso impatto ambientale, la riduzione dei packaging, l'ottimizzazione dei percorsi di trasporto per ridurre le emissioni di CO_2, e l'adozione di pratiche di economia circolare.

3. **Innovazione Tecnologica:** L'implementazione di nuove tecnologie sta rivoluzionando la logistica. I sistemi di tracciamento RFID, la robotica nei magazzini, i droni per le consegne e l'analisi dei big data sono solo alcune delle innovazioni che stanno contribuendo a migliorare l'efficienza e la velocità della supply chain.

4. **Globalizzazione:** La grande distribuzione opera in un mercato globale, e la gestione della supply chain deve tenere conto delle sfide legate alla diversità dei mercati, delle normative locali, delle differenze culturali e delle fluttuazioni dei tassi di cambio.

5. **Risposta alla Domanda:** Le aziende devono essere in grado di adattarsi rapidamente ai cambiamenti nella domanda dei consumatori. Ciò richiede una pianificazione accurata, un'elevata flessibilità e una rapida capacità di

reazione. L'analisi predittiva e le tecniche di forecasting sono strumenti essenziali per prevedere le tendenze del mercato e adeguare di conseguenza la produzione e la distribuzione.

6. **E-commerce:** L'esplosione dell'e-commerce ha portato a nuove sfide logistiche, come la gestione delle consegne dirette al consumatore, i resi e la personalizzazione dei servizi. Le aziende stanno esplorando soluzioni come i locker per le consegne, i punti di ritiro e la logistica urbana per soddisfare le aspettative dei clienti online.

7. **Rischi e Gestione delle Crisi:** La supply chain è esposta a diversi rischi, come interruzioni, ritardi, fluttuazioni dei prezzi delle materie prime e calamità naturali. Le aziende devono implementare strategie di gestione del rischio e piani di contingenza per minimizzare l'impatto di tali eventi.

8. **Relazioni con i Fornitori:** La gestione delle relazioni con i fornitori è cruciale per assicurare la qualità dei prodotti, la continuità delle forniture e la negoziazione di condizioni contrattuali favorevoli. Le aziende stanno adottando approcci collaborativi e piattaforme digitali per migliorare la comunicazione e la trasparenza con i partner della supply chain.

9. **Customizzazione e Personalizzazione:** La tendenza verso la customizzazione e la personalizzazione dei prodotti richiede una

logistica più flessibile e reattiva, in grado di gestire piccoli lotti e varietà di SKU (Stock Keeping Unit).

10.   **Formazione e Sviluppo del Personale:** La formazione del personale è essenziale per mantenere elevati standard di sicurezza e efficienza nelle operazioni logistiche. Le aziende investono in programmi di sviluppo delle competenze e formazione continua per assicurare la preparazione dei propri collaboratori.

In sintesi, la logistica e la supply chain nella grande distribuzione sono in continua evoluzione, influenzate da fattori esterni come la tecnologia, la globalizzazione e le aspettative dei consumatori. L'adattamento a queste dinamiche e l'adozione di soluzioni innovative sono fondamentali per la competitività e il successo delle aziende nel settore.

La logistica e la supply chain nella grande distribuzione sono settori vitali che si avvalgono di una varietà di strategie e tecnologie per garantire che i prodotti giungano ai consumatori nel modo più efficiente ed efficace possibile. A questo proposito, è essenziale esplorare ulteriori aspetti e tendenze emergenti che stanno plasmando questi ambiti.

1. **Integrazione delle Tecnologie Digitali:**
   Oltre ai sistemi RFID e ai droni, le tecnologie
   come la blockchain stanno trovando applicazioni
   nella tracciabilità dei prodotti lungo la supply
   chain. Questa tecnologia consente una maggiore
   trasparenza, riduce il rischio di frodi e migliora la
   gestione dei contratti tra i vari attori della catena
   di approvvigionamento.

2. **Automazione e Robotica:** L'automazione
   continua a svolgere un ruolo centrale nei
   magazzini, con robot che raccolgono, imballano e
   spostano merci, riducendo il tempo di esecuzione
   e minimizzando gli errori. L'uso di veicoli a guida
   autonoma nel trasporto merci è altresì in
   crescita, offrendo potenziali miglioramenti in
   termini di sicurezza e efficienza.

3. **Analisi dei Dati e Intelligenza Artificiale:**
   L'implementazione di algoritmi avanzati di
   analisi dei dati e di intelligenza artificiale sta
   permettendo alle aziende di ottimizzare i percorsi
   di trasporto, prevedere i tempi di consegna con
   maggiore precisione e anticipare eventuali
   problemi nella supply chain, permettendo così
   interventi proattivi.

4. **Omnicanalità:** La crescente richiesta di
   esperienze di acquisto omnicanale da parte dei
   consumatori sta spingendo i retailer a integrare i
   canali fisici e digitali, creando sfide logistiche in

termini di gestione delle scorte, tempi di consegna e servizi post-vendita.

5. **Micro-Fulfillment Centers:** Per ridurre i tempi di consegna e avvicinare le scorte ai consumatori, stanno emergendo nuovi modelli come i micro-fulfillment centers. Questi centri di distribuzione di piccole dimensioni sono situati in aree urbane dense per facilitare la consegna rapida dei prodotti ordinati online.

6. **Economia Circolare e Riuso:** L'integrazione di pratiche di economia circolare nella logistica sta diventando sempre più importante. Il riuso di imballaggi e pallet, nonché il riciclaggio e il recupero di materiali, sono strategie chiave per ridurre l'impatto ambientale delle operazioni logistiche.

7. **Last-Mile Delivery:** La consegna dell'ultimo miglio è uno dei segmenti più complessi e costosi della supply chain, soprattutto nelle aree urbane. Le soluzioni variano dal crowdsourcing, con l'utilizzo di corrieri indipendenti per le consegne, all'esplorazione di modelli innovativi come i locker refrigerati per i prodotti alimentari.

8. **Regolamentazioni e Normative:** Le aziende della grande distribuzione devono navigare in un mare di regolamentazioni e normative che variano da paese a paese. La conformità a questi regolamenti è cruciale per evitare sanzioni e assicurare una reputazione positiva sul mercato.

9. **Gestione delle Relazioni:** Il rapporto tra retailer e fornitori sta diventando sempre più collaborativo. Attraverso l'adozione di piattaforme digitali, si facilita la condivisione di informazioni e si promuove una maggiore trasparenza e cooperazione per affrontare le sfide comuni.

10. **Customizzazione del Servizio:** La capacità di offrire servizi logistici personalizzati è sempre più importante per soddisfare le diverse esigenze dei consumatori. Questo include opzioni di consegna flessibili, tracciabilità in tempo reale degli ordini e servizi post-vendita efficienti. Queste tendenze e sviluppi sottolineano la complessità e la dinamicità del settore logistico nella grande distribuzione, evidenziando l'importanza di strategie innovative e soluzioni tecnologiche avanzate per mantenere la competitività in un mercato in rapida evoluzione.

La logistica e la supply chain continuano a svilupparsi, incorporando nuove sfide e opportunità nell'ambito della grande distribuzione. Esaminiamo ulteriori dinamiche e prospettive che caratterizzano questo settore.

Strategie di Gestione delle Scorte

La gestione delle scorte è un elemento vitale, poiché un equilibrio adeguato tra domanda e offerta è essenziale per ridurre i costi e prevenire la mancanza di prodotti. Le tecniche di Just-In-Time e l'analisi in tempo reale dei dati di vendita sono fondamentali per mantenere livelli ottimali di inventario.

Impatto della Pandemia

La pandemia di COVID-19 ha messo a dura prova la supply chain globale, evidenziando vulnerabilità e la necessità di maggiore resilienza. La diversificazione dei fornitori, la regionalizzazione delle catene di approvvigionamento e l'investimento in tecnologie digitali sono alcune delle strategie adottate per mitigare i rischi futuri.

Logistica Inversa

La logistica inversa, che comprende le operazioni relative ai resi dei prodotti, è un'area in crescente sviluppo, soprattutto nell'ambito dell'e-commerce. La gestione efficiente dei resi è fondamentale per mantenere la soddisfazione del cliente e minimizzare i costi associati.

Cybersecurity

Con l'aumento della digitalizzazione, la protezione dei dati e dei sistemi informativi è diventata prioritaria. Le aziende stanno investendo in soluzioni avanzate di cybersecurity per proteggere le informazioni sensibili e prevenire interruzioni delle operazioni logistiche.

Standardizzazione e Interoperabilità

La standardizzazione dei processi e la promozione dell'interoperabilità tra i diversi sistemi informativi utilizzati lungo la supply chain sono fondamentali per garantire la fluidità e l'efficienza delle operazioni logistiche.

Collaborazione Multilaterale

L'approccio collaborativo tra i diversi attori della supply chain, incluse aziende, fornitori, e autorità portuali, è essenziale per ottimizzare l'intera rete logistica e affrontare sfide quali la congestione portuale e le normative doganali.

Personalizzazione dei Prodotti

L'aumento della domanda di prodotti personalizzati ha conseguenze sulla logistica, richiedendo una maggiore flessibilità nella produzione e nella distribuzione e la capacità di gestire una varietà più ampia di SKU.

Innovazioni nel Packaging

L'innovazione nel packaging, compreso l'utilizzo di materiali sostenibili e soluzioni per ridurre il volume degli imballaggi, è una tendenza che influisce sulla logistica, contribuendo alla riduzione dei costi di trasporto e all'impatto ambientale.

Sviluppo delle Competenze

L'evoluzione del settore richiede la formazione continua dei professionisti della logistica e della supply chain, per sviluppare competenze in ambito digitale, analitico e di gestione delle relazioni.

Sviluppo di Infrastrutture

L'investimento in infrastrutture logistiche, quali magazzini, hub di distribuzione e reti di trasporto, è cruciale per supportare l'espansione delle attività e garantire l'efficienza delle operazioni.

Queste ulteriori dinamiche mostrano la complessità e la multidimensionalità del campo della logistica e della supply chain nella grande distribuzione, evidenziando la necessità di un approccio integrato e innovativo per navigare con successo in questo ambiente in continua evoluzione.

Sostenibilità Ambientale

Il concetto di sostenibilità sta guadagnando sempre più terreno nella logistica. Le aziende sono spinte, sia dalle normative che dalla crescente consapevolezza dei consumatori, a ridurre l'impatto ambientale. Ciò si traduce in iniziative per ridurre le emissioni di CO_2, l'utilizzo di veicoli elettrici per la distribuzione, e l'adozione di soluzioni di economia circolare nell'intera catena di approvvigionamento.

Dinamiche di Mercato Globale

Il panorama della supply chain è anche fortemente influenzato dalle dinamiche dei mercati globali, come fluttuazioni valutarie, conflitti commerciali, e incertezze politiche. Le aziende devono quindi sviluppare strategie adattive e resilienza operativa per rispondere efficacemente a tali sfide.

Intelligenza Artificiale Predictiva

L'avanzamento delle tecnologie di intelligenza artificiale permette l'analisi predittiva, il che consente alle aziende di anticipare la domanda dei consumatori, ottimizzare i livelli di inventario, e prevenire i colli di bottiglia nella produzione e distribuzione, assicurando così la continuità delle operazioni.

Etica e Responsabilità Sociale

L'etica e la responsabilità sociale sono diventate pilastri nella gestione della supply chain. Il rispetto dei diritti umani, le condizioni di lavoro eque, e la lotta contro la corruzione sono elementi chiave che le aziende della grande distribuzione stanno integrando nelle loro politiche e prassi operative.

Internet of Things (IoT)

L'Internet of Things continua a rivoluzionare la logistica. Sensori e dispositivi connessi permettono il monitoraggio in tempo reale delle condizioni di trasporto, il tracciamento preciso delle merci, e la raccolta di dati preziosi per ottimizzare le operazioni e ridurre i costi.

Soluzioni Cloud

Le soluzioni cloud stanno diventando lo standard per la gestione dei dati nella supply chain. Offrendo scalabilità, accessibilità e sicurezza, il cloud permette una maggiore collaborazione tra i diversi attori della catena di approvvigionamento e facilita l'implementazione di soluzioni innovative.

Personalizzazione dei Servizi Logistici

L'aspettativa di servizi sempre più personalizzati da parte dei consumatori sta portando a un'evoluzione nelle offerte logistiche. Opzioni come la consegna programmata, i punti di ritiro flessibili e i servizi post-vendita su misura sono sempre più richiesti e integrati dai retailer.

Analisi di Scenario e Pianificazione Strategica

L'importanza dell'analisi di scenario e della pianificazione strategica è in crescita. Le aziende stanno adottando modelli avanzati di previsione e strategie adattive per navigare in mercati sempre più volatili e competitivi, garantendo al contempo efficienza e sostenibilità.

Resilienza e Gestione del Rischio

La creazione di supply chain resilienti e la gestione proattiva del rischio sono diventate priorità assolute. Le aziende stanno sviluppando piani di continuità operativa, diversificando i fornitori e i canali di distribuzione, e implementando tecnologie avanzate per monitorare e rispondere ai potenziali rischi.

Innovazione e Ricerca e Sviluppo

L'investimento in innovazione e ricerca e sviluppo è fondamentale per mantenere la competitività. Le aziende stanno esplorando nuove soluzioni tecnologiche, modelli operativi e partnership strategiche per migliorare la performance della supply chain e creare valore aggiunto.

Questi ulteriori approfondimenti delineano la vastità e la profondità degli sviluppi e delle sfide nel campo della logistica e della supply chain nella grande distribuzione, sottolineando l'importanza di un approccio olistico e proattivo per affrontare le crescenti esigenze di un settore in continua evoluzione.

Assolutamente, è possibile esplorare ulteriori sfaccettature e dinamiche del settore della logistica e supply chain nella grande distribuzione.

Robotizzazione e Automazione

L'avvento di soluzioni robotizzate e automatizzate sta trasformando le operazioni di magazzino e distribuzione. Robot autonomi, sistemi di scaffalatura automatizzati e droni sono impiegati per ottimizzare le attività di picking, packing e consegna, riducendo i tempi di attraversamento e minimizzando gli errori umani.

Blockchain per la Tracciabilità

La tecnologia blockchain sta emergendo come strumento fondamentale per garantire la tracciabilità e la trasparenza lungo l'intera catena di approvvigionamento. Permette di registrare in modo sicuro e immutabile tutte le transazioni, facilitando la certificazione dell'origine dei prodotti e la gestione delle certificazioni di qualità.

Integrazione Omnicanale

L'integrazione omnicanale è fondamentale in un contesto retail sempre più orientato verso il digitale. Le aziende stanno cercando di collegare sinergicamente i canali online e offline, garantendo una consistenza dell'esperienza di acquisto e una gestione efficiente delle scorte tra i diversi punti di vendita e piattaforme e-commerce.

Big Data Analytics

L'utilizzo del Big Data Analytics sta rivoluzionando il modo in cui le aziende analizzano e interpretano i dati. Permette di elaborare grandi volumi di dati provenienti da svariate fonti, generando insight preziosi per ottimizzare la domanda, migliorare l'efficienza operativa e personalizzare le offerte ai consumatori.

Energia Rinnovabile e Efficienza Energetica

L'adozione di soluzioni di energia rinnovabile e l'implementazione di pratiche di efficienza energetica nei centri di distribuzione e nei trasporti sono essenziali per ridurre l'impronta di carbonio delle operazioni logistiche e per rispondere agli obiettivi di sostenibilità ambientale.

Realizzazione di Ecosistemi Logistici

La costruzione di ecosistemi logistici integrati sta diventando una pratica chiave. Questi ecosistemi comprendono fornitori, produttori, distributori e retailer, che collaborano attraverso piattaforme digitali per sincronizzare le operazioni, condividere informazioni e creare sinergie.

Legislazione e Normative Internazionali

La conformità a legislazioni e normative internazionali è cruciale, soprattutto per le aziende che operano su scala globale. Dazi, tariffe, regolamentazioni ambientali e standard di sicurezza sono solo alcune delle considerazioni legali che influenzano le operazioni di logistica e supply chain.

Salute e Sicurezza sul Lavoro

La gestione della salute e sicurezza dei lavoratori è prioritaria. Implementare prassi sicure, formare adeguatamente il personale e assicurare condizioni di lavoro ottimali sono elementi essenziali per prevenire incidenti e mantenere elevati livelli di produttività.

Rapporti con la Comunità Locale

Le aziende della grande distribuzione stanno sempre più cercando di instaurare rapporti positivi con le comunità locali. Ciò comprende l'adozione di pratiche etiche e sostenibili, il coinvolgimento nelle attività della comunità e la collaborazione con le autorità locali.

Dinamiche Demografiche e Preferenze dei Consumatori

Le dinamiche demografiche e l'evoluzione delle preferenze dei consumatori hanno un impatto significativo sulla supply chain. L'analisi di queste tendenze è fondamentale per prevedere i cambiamenti nella domanda e per adeguare l'offerta di prodotti e servizi.

Ogni aspetto appena esplorato contribuisce alla complessità e all'evoluzione continua del settore della logistica e supply chain nella grande distribuzione, richiedendo un impegno costante per l'innovazione e l'adattamento alle nuove sfide e opportunità.

Personalizzazione e Micro-Segmentazione

La crescente richiesta di personalizzazione e la possibilità di micro-segmentare i mercati grazie ai dati comportamentali dei consumatori hanno un impatto notevole. La capacità di creare offerte su misura richiede flessibilità e reattività nella catena di approvvigionamento per soddisfare rapidamente bisogni e desideri in evoluzione.

Economia Circolare e Upcycling

L'interesse verso l'economia circolare e l'upcycling si sta intensificando. Le aziende esplorano modi innovativi per riusare, riciclare e ridare valore ai prodotti e ai materiali, contribuendo a ridurre i rifiuti e promuovere la sostenibilità ambientale.

Last-Mile Delivery

La consegna dell'ultimo miglio (last-mile delivery) è uno dei principali punti di differenziazione e competizione. Soluzioni creative come i locker per il ritiro, le consegne in giornata e i droni stanno venendo implementate per migliorare l'efficienza e la soddisfazione del cliente.

Strategie Multichannel e Cross-Channel

Le strategie multichannel e cross-channel sono essenziali in un mercato dove i consumatori utilizzano vari canali per interagire con i marchi. Assicurare coerenza, fluidità e integrazione tra i diversi canali è cruciale per offrire un'esperienza d'acquisto ottimale.

Cybersecurity

Con la digitalizzazione, la cybersecurity è diventata una priorità. La protezione dei dati dei clienti, delle transazioni e delle operazioni aziendali è essenziale per prevenire attacchi informatici, frodi e perdite di informazioni sensibili.

Gamification e Customer Engagement

L'introduzione di elementi di gamification nelle app e nelle piattaforme digitali viene utilizzata per aumentare l'engagement dei clienti. Questo influisce sulla gestione delle scorte e sulla pianificazione delle promozioni in base alla partecipazione e interazione dei consumatori.

Impatto dei Social Media

I social media hanno un ruolo sempre più determinante nel modellare le preferenze dei consumatori. Le recensioni online, gli influencer e le campagne di marketing digitali influenzano la percezione del marchio e, di conseguenza, la domanda di prodotti.

Espansione in Nuovi Mercati

L'espansione in nuovi mercati geografici o segmenti di mercato rappresenta sia un'opportunità che una sfida. Richiede una profonda comprensione delle dinamiche locali, la personalizzazione dell'offerta e la creazione di reti di distribuzione efficienti.

Scenari di Crisi e Contingenza

La pianificazione per scenari di crisi e l'elaborazione di piani di contingenza sono essenziali. Eventi imprevisti come pandemie, catastrofi naturali o crisi economiche possono interrompere la supply chain, rendendo necessaria la capacità di adattarsi e reagire prontamente.

Partnering e Alleanze Strategiche

La formazione di partnership e alleanze strategiche con altri attori del settore, start-up innovative o fornitori tecnologici può contribuire a migliorare la competitività, l'innovazione e l'efficienza della supply chain.

Educazione e Formazione del Personale

L'investimento nell'educazione e nella formazione del personale è fondamentale per mantenere alti livelli di competenza, efficienza e adattabilità ai cambiamenti tecnologici e di mercato.

Analizzando questi aspetti aggiuntivi, emerge quanto la logistica e la supply chain nella grande distribuzione siano influenzate da una molteplicità di fattori e tendenze, che richiedono una visione olistica e un continuo processo di aggiornamento e adattamento.

In sintesi, la logistica e la supply chain nella grande distribuzione sono campi intrinsecamente dinamici e multifaccettati, che richiedono l'attuazione di strategie avanzate e l'adattamento continuo a un ambiente in rapida evoluzione. I concetti chiave quali la robotizzazione, la blockchain, l'integrazione omnicanale, l'analisi dei Big Data, l'efficienza energetica e la creazione di ecosistemi logistici integrati rappresentano soltanto alcuni degli elementi fondamentali che stanno guidando la trasformazione del settore. Questi aspetti, uniti alle iniziative verso la sostenibilità, come l'economia circolare e l'upcycling, delineano un quadro in cui l'innovazione tecnologica e la responsabilità ambientale e sociale si intrecciano in maniera sempre più stretta.

Inoltre, la crescente importanza di un'esperienza cliente olistica e integrata ha portato alla realizzazione di strategie multicanale e cross-channel avanzate, che puntano a creare un'esperienza d'acquisto fluida e coerente su tutti i canali di vendita. La centralità del cliente si riflette anche nell'evoluzione delle pratiche di consegna, con l'emergere di soluzioni creative per la last-mile delivery e l'aumento dell'engagement attraverso tecniche di gamification.

Al contempo, la necessità di garantire la sicurezza delle informazioni ha reso la cybersecurity un pilastro imprescindibile delle operazioni, mentre il ruolo crescente dei social media e delle recensioni online evidenzia come la reputazione del marchio possa essere influenzata in modo significativo dalla percezione del pubblico.

L'espansione in nuovi mercati e segmenti di mercato, la formazione di partnership strategiche, e l'investimento in formazione ed educazione del personale sono ulteriori leve strategiche. Queste permettono di navigare le sfide del contesto globale, di accrescere la competitività e di rispondere prontamente a scenari di crisi e a situazioni contingenti.

Infine, la prospettiva olistica e multidimensionale che caratterizza la logistica e la supply chain moderna sottolinea l'importanza di una visione integrata, che tenga conto delle interconnessioni tra i vari fattori e tendenze. In questo panorama, la capacità di analizzare, interpretare e anticipare le dinamiche del mercato e le evoluzioni tecnologiche diventa fondamentale per assicurare la sostenibilità, l'efficienza e il successo a lungo termine delle operazioni nella grande distribuzione.

6. Gestione degli Stock e Magazzino

La gestione degli stock e del magazzino è una componente cruciale della grande distribuzione moderna, con l'obiettivo di ottimizzare i livelli di inventario, ridurre i costi e migliorare la soddisfazione del cliente. Questo ambito comprende diverse pratiche, tecnologie e strategie che contribuiscono a garantire la disponibilità dei prodotti e a minimizzare il rischio di sovraccapacità o carenze.

Tecnologie di Tracking e RFID

Le tecnologie di tracking, come i codici a barre e i tag RFID, sono fondamentali per monitorare la movimentazione delle merci nel magazzino e lungo la supply chain. Queste tecnologie consentono una gestione efficiente degli inventari e riducono gli errori.

Sistema WMS (Warehouse Management System)

I sistemi WMS sono software progettati per ottimizzare le operazioni di magazzino. Gestiscono la ricezione, l'immagazzinamento, la preparazione degli ordini e la spedizione, migliorando l'efficienza e riducendo i tempi di esecuzione.

Just In Time e Lean Inventory

Il concetto di Just In Time prevede la ricezione delle merci solo quando necessario, riducendo così i livelli di stock e liberando spazio di magazzino. La Lean Inventory è una strategia simile, focalizzata sulla riduzione degli sprechi e sull'ottimizzazione delle risorse.

Previsione della Domanda e Analisi dei Dati

Utilizzare strumenti di analisi dei dati e algoritmi di previsione della domanda è essenziale per prevedere le fluttuazioni del mercato, pianificare adeguatamente gli acquisti e adeguare i livelli di stock in base alle tendenze di consumo.

Automazione e Robotica

L'automazione e la robotica giocano un ruolo sempre più importante nei magazzini moderni. I robot possono movimentare merci, preparare ordini e contribuire a ridurre i tempi di consegna, migliorando l'efficienza generale.

Gestione delle Scorte di Sicurezza

Mantenere un adeguato livello di scorte di sicurezza è cruciale per far fronte alle variazioni impreviste della domanda o ai ritardi nelle consegne. Questo equilibrio aiuta a prevenire le rotture di stock e a mantenere elevati livelli di servizio al cliente.

Omni-Channel Retailing

L'integrazione tra canali online e offline richiede una gestione degli stock altamente sincronizzata e flessibile. La visibilità in tempo reale delle scorte è fondamentale per soddisfare le aspettative dei clienti in un ambiente omnicanale.

Reti di Distribuzione e Centri di Smistamento

La progettazione e l'ottimizzazione delle reti di distribuzione e dei centri di smistamento influenzano la velocità e l'efficienza della supply chain. La localizzazione strategica di questi centri è vitale per minimizzare i tempi di trasporto e i costi.

Sostenibilità e Riduzione degli Sprechi

Le pratiche sostenibili nella gestione del magazzino includono la riduzione degli imballaggi, il riciclo, l'utilizzo di energie rinnovabili e la minimizzazione degli sprechi. Questi approcci contribuiscono a ridurre l'impatto ambientale delle operazioni di magazzino.

Formazione del Personale e Sicurezza sul Lavoro

La formazione continua del personale è essenziale per mantenere alti livelli di efficienza e per garantire la sicurezza sul lavoro. L'adozione di best practice e l'aggiornamento alle nuove tecnologie contribuiscono a creare un ambiente di lavoro sicuro ed efficiente.

Osservando l'interazione di questi elementi, si comprende come la gestione degli stock e del magazzino nella grande distribuzione sia un processo complesso che richiede un attento equilibrio tra efficienza operativa, soddisfazione del cliente e sostenibilità.

Un'attenzione particolare nella gestione degli stock e del magazzino è rivolta all'implementazione di sistemi di intelligence artificiale (IA) e machine learning. Queste tecnologie stanno diventando sempre più rilevanti nell'analisi dei dati storici e comportamentali dei consumatori, permettendo di prevedere con maggiore precisione le future tendenze di acquisto e di ottimizzare di conseguenza i livelli di inventario. Il machine learning, in particolare, è in grado di analizzare grandi quantità di dati in tempo reale, adattandosi alle variazioni del mercato e fornendo insights preziosi per la pianificazione delle scorte.

Un altro aspetto cruciale è la gestione dei resi, che rappresenta una sfida sempre più significativa, soprattutto con l'aumento del commercio elettronico. La gestione efficiente dei resi, compresa la valutazione del prodotto restituito, il suo riposizionamento in magazzino o la sua eventuale eliminazione, influisce direttamente sui costi operativi e sulla soddisfazione del cliente. La grande distribuzione sta quindi implementando soluzioni innovative per gestire i resi in modo più efficace e sostenibile.

Nel contesto della digitalizzazione, la blockchain sta emergendo come una tecnologia promettente per tracciare l'origine e la movimentazione delle merci. Questo sistema consente di creare un registro immutabile e trasparente delle transazioni, aumentando la fiducia dei consumatori e riducendo i rischi di contraffazione e frode.

Nel tentativo di migliorare ulteriormente l'efficienza, le aziende stanno esplorando nuovi modelli di business, come l'economia condivisa e le piattaforme collaborative. Questi modelli permettono di condividere risorse, conoscenze e competenze, contribuendo a ridurre i costi e ad aumentare la flessibilità e la reattività di fronte ai cambiamenti del mercato.

L'introduzione di droni e veicoli autonomi nel magazzino rappresenta un'innovazione significativa. Questi dispositivi sono in grado di svolgere compiti ripetitivi e di movimentazione delle merci, riducendo il carico di lavoro umano e migliorando la precisione e la velocità delle operazioni. La sperimentazione in questo campo sta progredendo rapidamente, e si prevede che in futuro queste tecnologie avranno un impatto sempre maggiore sulla gestione del magazzino. Parallelamente, la crescente consapevolezza delle questioni etiche e sociali sta portando alla creazione di standard più elevati in termini di condizioni di lavoro e diritti dei lavoratori. La grande distribuzione è chiamata a garantire ambienti di lavoro sicuri, equi e inclusivi, rispettando la diversità e promuovendo lo sviluppo professionale dei dipendenti.

Inoltre, l'implementazione di soluzioni di virtual reality (VR) e augmented reality (AR) sta contribuendo a migliorare la formazione del personale e l'efficienza operativa. Queste tecnologie offrono possibilità innovative per la simulazione di scenari, la pianificazione degli spazi e la gestione delle risorse, consentendo una visione più chiara e una migliore comprensione delle dinamiche di magazzino.

Infine, la necessità di una maggiore trasparenza e tracciabilità delle catene di approvvigionamento sta spingendo le aziende a investire in sistemi di etichettatura avanzati e in piattaforme di monitoraggio in tempo reale. Questi strumenti aiutano a garantire la conformità alle normative, a migliorare la responsabilità sociale d'impresa e a costruire relazioni più solide e sostenibili con fornitori e clienti.

Una delle sfide sempre più rilevanti nella gestione degli stock e del magazzino è l'adattamento ai cambiamenti climatici e la resilienza ambientale. Le imprese della grande distribuzione stanno adottando misure per garantire che le loro operazioni siano sostenibili e in grado di affrontare eventi climatici estremi. Questo include l'adeguamento delle infrastrutture di magazzino, l'utilizzo di materiali sostenibili e la riduzione dell'impronta di carbonio attraverso l'uso di energie rinnovabili e trasporti ecologici.

Un'altra area in evoluzione è l'integrazione di sistemi di intelligenza predittiva. Attraverso l'utilizzo di big data e analisi avanzate, queste soluzioni possono prevedere problemi di inventario prima che si verifichino, consentendo interventi tempestivi e riducendo la probabilità di stockout o eccesso di scorte.

Inoltre, la personalizzazione delle esperienze dei clienti sta diventando un aspetto cruciale della gestione degli stock. Le imprese utilizzano tecnologie come l'analisi del comportamento del cliente e l'apprendimento automatico per prevedere le preferenze dei clienti e personalizzare l'offerta di prodotti, influenzando direttamente le decisioni di acquisto e magazzino.

La gestione del rischio nella supply chain è un'altra area chiave. L'identificazione e la mitigazione dei rischi, come interruzioni della supply chain, fluttuazioni dei prezzi delle materie prime e volatilità della domanda, sono fondamentali per garantire la continuità operativa e la protezione dei margini di profitto. L'adozione di economie circolari è anche una tendenza emergente. Questo modello si basa sull'uso e riutilizzo delle risorse il più a lungo possibile, riducendo gli sprechi e promuovendo il riciclaggio e il recupero dei materiali. Ciò implica una gestione degli stock e del magazzino orientata verso la sostenibilità e l'efficienza delle risorse.

La crescente importanza del benessere animale e delle pratiche etiche nelle catene di approvvigionamento alimentare ha portato le aziende a rivedere le loro politiche di acquisto e magazzino. La tracciabilità e la certificazione dei prodotti di origine animale sono diventate prioritarie per rispondere alle aspettative dei consumatori e garantire la conformità alle normative.

Infine, l'interconnessione tra diversi sistemi di gestione attraverso l'Internet of Things (IoT) sta migliorando l'efficienza operativa. I sensori e i dispositivi connessi raccolgono dati in tempo reale, fornendo informazioni preziose per il monitoraggio delle condizioni di magazzino, la gestione delle scorte e la manutenzione preventiva delle attrezzature.

Concludendo, la complessità e la velocità dei cambiamenti nel panorama della grande distribuzione richiedono una costante innovazione e adattamento nella gestione degli stock e del magazzino. Le imprese devono rimanere proattive e flessibili, adottando nuove tecnologie e prassi per affrontare le sfide emergenti e soddisfare le crescenti aspettative dei consumatori.

L'integrazione di robotica avanzata nell'ambiente di magazzino sta diventando sempre più una prassi comune. Robot mobili autonomi (AMR) e sistemi di stoccaggio e recupero automatizzati (AS/RS) stanno trasformando la gestione degli stock, riducendo i tempi di movimentazione delle merci e minimizzando gli errori umani. La robotica, combinata con sistemi di visione artificiale, consente la raccolta e l'imballaggio di prodotti in modo più efficiente e accurato. Le tecnologie di realtà aumentata (AR) stanno diventando strumenti indispensabili nella gestione del magazzino. Attraverso dispositivi come gli smart glasses, i lavoratori possono ricevere informazioni in tempo reale, indicazioni di navigazione e assistenza visuale per compiti come la raccolta, l'ispezione e la manutenzione, aumentando significativamente la loro produttività e riducendo gli errori.

La trasformazione digitale ha anche introdotto il concetto di magazzino connesso. Attraverso l'Internet delle Cose (IoT), ogni elemento del magazzino, dalle merci agli scaffali e ai veicoli di movimentazione, può essere monitorato in tempo reale. Questa connettività permette un controllo più accurato delle scorte, una migliore pianificazione delle risorse e una risposta più rapida alle variazioni della domanda.

La sostenibilità è un altro tema predominante nella gestione degli stock e del magazzino. Le aziende stanno esplorando soluzioni innovative per ridurre l'impatto ambientale delle loro operazioni, come l'utilizzo di materiali di imballaggio ecocompatibili, la riduzione degli sprechi attraverso pratiche di upcycling e l'implementazione di sistemi di gestione energetica avanzati per minimizzare il consumo di energia.

Il coinvolgimento dei fornitori è essenziale per una gestione efficace degli stock. Attraverso pratiche di collaborazione e l'adozione di piattaforme digitali condivise, le aziende possono sincronizzare i loro piani di produzione e distribuzione, migliorando la visibilità lungo la catena di approvvigionamento e riducendo i rischi di rotture di stock o eccessi di inventario. Un altro aspetto importante è l'attenzione alla sicurezza. Le aziende stanno adottando tecnologie avanzate per garantire la sicurezza dei lavoratori e prevenire incidenti nel magazzino. Ad esempio, sistemi di rilevazione di movimento e di avviso immediato possono aiutare a prevenire collisioni tra persone e veicoli di movimentazione.

Per affrontare l'incertezza del mercato e le fluttuazioni della domanda, la flessibilità è diventata una caratteristica essenziale della gestione degli stock. Le soluzioni basate su cloud e gli algoritmi di apprendimento automatico consentono alle aziende di adattare rapidamente le loro strategie di magazzino e distribuzione in risposta ai cambiamenti del mercato.

Infine, l'attenzione al cliente è al centro della gestione degli stock nella grande distribuzione. La capacità di soddisfare rapidamente e accuratamente le esigenze dei clienti è fondamentale per costruire relazioni di lungo termine e garantire la fidelizzazione. Questo implica un'attenta analisi delle abitudini di acquisto, l'ottimizzazione dei livelli di servizio e la personalizzazione delle offerte.

L'implementazione di Blockchain sta rivoluzionando la trasparenza e la tracciabilità nella gestione degli stock e magazzino. Questa tecnologia consente una registrazione sicura e immutabile delle transazioni lungo l'intera catena di approvvigionamento, facilitando la verifica dell'autenticità dei prodotti e riducendo il rischio di frodi e contraffazioni.

La formazione e l'aggiornamento del personale addetto alla gestione del magazzino sono diventati cruciali. Corsi di formazione e workshop sono regolarmente organizzati per tenere il personale al passo con le nuove tecnologie e le best practice del settore. L'investimento in capitale umano contribuisce non solo a migliorare l'efficienza operativa ma anche a incrementare la soddisfazione e la motivazione dei lavoratori.

Il concetto di magazzino come centro di costo sta cambiando, con molte aziende che iniziano a vedere il magazzino come un centro di valore aggiunto. Questo cambio di prospettiva sta portando a nuove strategie per ottimizzare l'uso dello spazio di magazzino, migliorare i processi logistici e offrire servizi aggiuntivi, come l'imballaggio personalizzato e l'etichettatura dei prodotti.

Le aziende stanno anche esplorando l'uso di droni per la gestione del magazzino. I droni possono essere utilizzati per eseguire inventari, monitorare le condizioni dei prodotti e individuare rapidamente la merce nel magazzino. Questo può significativamente ridurre i tempi di gestione dell'inventario e migliorare l'accuratezza dei dati di stock.

L'implementazione di sistemi di gestione delle prestazioni basati su KPI (Key Performance Indicator) sta aiutando le aziende a monitorare e migliorare l'efficienza del magazzino. Attraverso l'analisi dei KPI, come la precisione degli ordini e i tempi di ciclo, le aziende possono identificare aree di miglioramento e implementare azioni correttive.

La progettazione e l'ottimizzazione dello spazio di magazzino stanno diventando sempre più sofisticate, con l'introduzione di soluzioni come la modellazione 3D e la simulazione computerizzata. Questi strumenti permettono di testare diverse configurazioni del magazzino e di ottimizzare l'allocazione delle risorse in base alle esigenze specifiche di ogni azienda.

Inoltre, la crescente preoccupazione per la sicurezza dei dati ha portato a un rafforzamento delle misure di sicurezza informatica. Le aziende stanno adottando protocolli di sicurezza avanzati e soluzioni di backup per proteggere i dati sensibili e garantire la continuità operativa in caso di attacchi informatici.

L'attenzione al benessere e alla salute dei lavoratori è un altro aspetto che sta guadagnando rilevanza nella gestione degli stock e magazzino. L'adozione di tecnologie ergonomiche, la promozione di stili di vita sani e l'implementazione di protocolli di sicurezza sul lavoro sono tutte iniziative che contribuiscono a creare un ambiente di lavoro sicuro e produttivo.

Infine, il ruolo delle previsioni di vendita nella gestione degli stock sta diventando sempre più centrale. L'uso di modelli predittivi e di analisi delle serie storiche permette di anticipare le tendenze di mercato e di pianificare con maggiore precisione l'acquisto e l'allocazione delle merci, riducendo il rischio di obsolescenza e garantendo la disponibilità dei prodotti quando e dove sono richiesti.

In conclusione, la gestione degli stock e magazzino è un elemento chiave nella grande distribuzione moderna e sta vivendo un periodo di rapida evoluzione e innovazione. L'introduzione e l'implementazione di nuove tecnologie come la robotica, l'intelligenza artificiale, la Blockchain e i droni stanno portando a una rivoluzione nei processi logistici, contribuendo a ridurre i costi, a migliorare l'efficienza e ad aumentare l'accuratezza nella gestione delle scorte.

L'attenzione alla formazione e al benessere del personale, unita a un maggiore focus sulla sicurezza sia fisica che informatica, sta contribuendo a creare un ambiente di lavoro più sicuro e produttivo, con lavoratori più motivati e competenti.

La trasformazione della percezione del magazzino da centro di costo a centro di valore aggiunto sottolinea l'importanza strategica della gestione degli stock nella catena del valore delle aziende. Questo cambio di paradigma sta portando a nuovi modelli di business e a nuove opportunità di offrire servizi aggiuntivi e di creare valore per il cliente.

L'adozione di strumenti di analisi avanzata e di modelli predittivi sta migliorando la capacità delle aziende di anticipare le tendenze di mercato e di adattarsi in modo proattivo alle fluttuazioni della domanda. Questo, a sua volta, sta riducendo il rischio di obsolescenza e garantendo una migliore disponibilità dei prodotti.

Inoltre, l'adozione di pratiche sostenibili e il coinvolgimento dei fornitori attraverso piattaforme digitali condivise evidenziano un impegno crescente verso la responsabilità ambientale e sociale e verso la creazione di catene di approvvigionamento più resilienti e sostenibili.

Infine, la progettazione ottimizzata dei magazzini e l'innovazione nella gestione dello spazio stanno contribuendo a massimizzare l'efficienza operativa e a adattare le infrastrutture logistiche alle esigenze sempre più complesse e dinamiche del mercato.

In sintesi, la gestione degli stock e magazzino nella grande distribuzione moderna è un campo in continua evoluzione, caratterizzato da sfide e opportunità, dove l'innovazione tecnologica, l'attenzione al personale e al cliente, la sostenibilità e la strategia aziendale si intrecciano per formare un ecosistema complesso e dinamico.

7. Merchandising e Layout dei Negozi

Il merchandising e il layout dei negozi sono fattori fondamentali che influenzano il comportamento d'acquisto dei consumatori nel settore della grande distribuzione moderna. Questi aspetti, quando gestiti in modo strategico, possono ottimizzare la presentazione dei prodotti, stimolare l'interesse dei clienti e incrementare le vendite.

Il merchandising si occupa della disposizione, della presentazione e della promozione dei prodotti all'interno del negozio. Esso comprende diverse tecniche e strategie, come l'uso di espositori promozionali, la creazione di zone calde e fredde nel negozio, e la disposizione ottimale dei prodotti sugli scaffali per attirare l'attenzione del cliente e incentivare l'acquisto.

Il layout del negozio, invece, si riferisce alla progettazione e organizzazione dello spazio interno, compresa la disposizione degli scaffali, delle isole promozionali, delle casse e delle aree di servizio. Un layout ben progettato favorisce la circolazione dei clienti, crea un'atmosfera piacevole e contribuisce a valorizzare i prodotti in vendita.

Il Visual Merchandising è una disciplina chiave in questo contesto. Essa si basa sull'uso creativo di luci, colori, grafica e materiali per creare un ambiente coinvolgente e stimolare un'esperienza d'acquisto positiva. Il Visual Merchandising mira a comunicare l'identità del brand, a valorizzare i prodotti e a creare un legame emotivo con i clienti.

L'analisi dei dati e l'intelligenza artificiale stanno diventando strumenti sempre più importanti nel campo del merchandising e del layout dei negozi. L'uso di analisi predittive, heat maps e dati di tracciamento dei clienti permette ai retailer di ottimizzare la disposizione dei prodotti, prevedere le tendenze di acquisto e personalizzare le offerte promozionali in base al comportamento e alle preferenze dei consumatori.

La sostenibilità è un altro tema centrale. I retailer stanno adottando materiali eco-compatibili, riducendo l'uso di plastica e incentivando pratiche sostenibili. Il crescente interesse dei consumatori per l'ambiente e l'etica sta influenzando le scelte di merchandising e la progettazione dei negozi, con un focus su trasparenza, responsabilità e valori aziendali.

Un altro elemento chiave è l'omnicanalità, ovvero la capacità di integrare l'esperienza d'acquisto online e offline. Gli elementi di merchandising e il layout del negozio devono essere coerenti con la presenza digitale del brand, e le strategie promozionali devono essere integrate tra i diversi canali di vendita.

Inoltre, la personalizzazione dell'esperienza d'acquisto sta diventando sempre più rilevante. I retailer stanno esplorando soluzioni tecnologiche, come le app per smartphone e la realtà aumentata, per offrire servizi personalizzati, raccomandazioni di prodotti e promozioni targetizzate, in base ai dati e alle abitudini d'acquisto dei clienti.

Infine, la formazione del personale di vendita e la creazione di un ambiente di lavoro positivo sono elementi essenziali per il successo delle strategie di merchandising e layout. Un team motivato e competente è in grado di offrire un servizio al cliente di qualità e di contribuire a creare un'atmosfera accogliente e stimolante nel punto vendita.

Uno degli aspetti centrali del merchandising è la psicologia del consumatore. Comprendere come i clienti pensano, si sentono e reagiscono è fondamentale per creare un layout e un'esposizione dei prodotti che influenzino il comportamento d'acquisto. Ad esempio, studi hanno dimostrato che i prodotti posizionati al livello degli occhi sono più notati e quindi più

acquistati. Allo stesso modo, l'utilizzo di colori vivaci e di illuminazione focalizzata può attrarre l'attenzione su determinati prodotti.
L'ambientazione sonora del negozio è un altro fattore che influisce sull'esperienza d'acquisto. La musica, il volume e i suoni all'interno del negozio possono influenzare il tempo trascorso dai clienti all'interno del punto vendita e il loro umore, e quindi il loro comportamento d'acquisto. Strategie di sound design ben congegnate possono migliorare l'atmosfera del negozio e stimolare determinate reazioni emotive nei clienti.
Anche i profumi giocano un ruolo nel merchandising sensoriale. Alcuni negozi utilizzano diffusori di aromi per creare un ambiente olfattivo gradevole e accogliente, o per evocare memorie ed emozioni che possono influenzare l'acquisto. Ad esempio, il profumo di pane appena sfornato in un supermercato può stimolare l'appetito e incrementare la vendita di prodotti alimentari.
Inoltre, l'integrazione della tecnologia nei punti vendita sta diventando sempre più sofisticata. Oltre alle soluzioni di realtà aumentata e alle app personalizzate, alcuni retailer stanno sperimentando l'uso di schermi interattivi, kioschi digitali e etichette elettroniche sugli scaffali per fornire informazioni dettagliate sui

prodotti, recensioni dei clienti e opzioni di personalizzazione. Queste tecnologie possono anche raccogliere dati sul comportamento dei clienti in negozio, fornendo insight preziosi per ottimizzare ulteriormente il merchandising e il layout.

La gestione dell'assortimento e la rotazione dei prodotti sono pratiche cruciali nel merchandising. Mantenere un assortimento di prodotti fresco e variato, che risponda alle esigenze e ai desideri dei clienti, è essenziale per mantenere l'interesse vivo e stimolare la fidelizzazione. Allo stesso tempo, è importante bilanciare la varietà con la disponibilità di spazio e garantire che i prodotti in scadenza o in eccesso di stock siano gestiti in modo efficiente attraverso sconti, promozioni o altri canali di vendita.

L'accessibilità e la fruibilità dei prodotti sono altrettanto fondamentali. Un layout ben progettato facilita la navigazione, riduce il tempo di ricerca dei prodotti e migliora l'efficienza del processo d'acquisto. L'uso di segnaletica chiara, l'organizzazione logica delle categorie di prodotti e la presenza di percorsi intuitivi contribuiscono a creare un'esperienza d'acquisto fluida e soddisfacente.

Inoltre, il layout e il merchandising devono tener conto delle diverse esigenze dei clienti in base a fattori demografici, culturali e socio-economici. Ad esempio, in aree con una popolazione più giovane o più multiculturale, potrebbe essere opportuno offrire un assortimento di prodotti più diversificato e innovativo, o utilizzare strategie di comunicazione e promozione differenti.
Infine, la flessibilità e l'adattabilità sono caratteristiche essenziali del merchandising moderno. Il mercato del retail è in continua evoluzione, con nuove tendenze, nuovi prodotti e nuove aspettative dei clienti che emergono regolarmente. Essere in grado di adattare rapidamente il layout del negozio e le strategie di merchandising a questi cambiamenti è fondamentale per mantenere la competitività e soddisfare le esigenze dei consumatori.

Oltre agli elementi già menzionati, il visual merchandising è una componente fondamentale del layout dei negozi. Esso si concentra sull'aspetto estetico del punto vendita, utilizzando espositori, manichini, immagini e altri elementi visivi per creare un ambiente accattivante e coerente con l'immagine del brand. Un visual merchandising ben realizzato può aumentare la visibilità dei prodotti, stimolare l'interesse dei clienti e influenzare positivamente le decisioni di acquisto.

Nel contesto della grande distribuzione, la localizzazione e la disposizione dei prodotti all'interno del negozio sono strategiche. Gli articoli di prima necessità, come latte e pane, sono spesso posizionati in fondo al negozio, incoraggiando i clienti a percorrere l'intero spazio e aumentando così la probabilità di acquisti impulsivi. Allo stesso modo, i prodotti a alto margine di guadagno sono spesso posizionati a livello degli occhi, mentre quelli a basso margine sono posizionati più in basso o in alto sugli scaffali.

Le zone calde e fredde del negozio rappresentano un altro concetto importante. Le zone calde sono aree ad alto traffico, dove i clienti tendono a soffermarsi più a lungo, mentre le zone fredde sono aree meno frequentate. Identificare e ottimizzare queste zone può aiutare a massimizzare l'esposizione dei prodotti e incrementare le vendite.

L'analisi dei dati gioca un ruolo cruciale nella gestione del merchandising e del layout dei negozi. I dati relativi alle vendite, al flusso di clienti, al tempo trascorso in negozio e ad altri fattori comportamentali possono fornire insight preziosi per ottimizzare la disposizione dei prodotti, l'assortimento e le strategie promozionali. L'uso di tecnologie avanzate, come la geolocalizzazione e i sensori di movimento, può ulteriormente affinare l'analisi e supportare decisioni informate.

La sostenibilità è diventata una considerazione sempre più importante nel merchandising e nel layout dei negozi. I consumatori moderni sono sempre più attenti all'impatto ambientale dei prodotti che acquistano e dei negozi che frequentano. Implementare pratiche sostenibili, come l'uso di materiali riciclati o riciclabili per gli espositori, l'ottimizzazione dell'illuminazione e dell'energia, e la promozione di prodotti eco-friendly, può migliorare l'immagine del brand e attrarre clienti consapevoli.

Inoltre, l'aspetto sociale e comunitario dei negozi sta guadagnando rilevanza. Creare spazi per l'interazione e la socializzazione, offrire servizi aggiuntivi come caffetterie o aree gioco per bambini, e organizzare eventi e attività possono trasformare il punto vendita in un luogo di incontro e di esperienze, rafforzando il legame con la clientela e la fidelizzazione.

Infine, la personalizzazione è un trend in crescita nel retail. Offrire soluzioni personalizzate, come prodotti su misura, etichette personalizzabili o servizi di consulenza individualizzata, può creare un valore aggiunto per i clienti e differenziare il negozio dalla concorrenza. Integrare tecnologie come la stampa 3D o gli schermi interattivi può supportare queste strategie e arricchire l'offerta del punto vendita.

In conclusione, il merchandising e il layout dei negozi nella grande distribuzione sono elementi chiave che influenzano direttamente il comportamento d'acquisto dei consumatori e, di conseguenza, il successo commerciale del punto vendita. La strategica disposizione dei prodotti, l'utilizzo efficace delle zone calde e fredde, l'analisi dei dati e l'adozione di tecnologie innovative sono tutte tattiche che contribuiscono a creare un ambiente di vendita ottimizzato e accattivante.

Il visual merchandising, che si focalizza sull'aspetto estetico del negozio, utilizza vari elementi visivi per realizzare un'esperienza d'acquisto coerente e stimolante, influenzando positivamente la percezione del brand e le decisioni dei clienti. L'incorporazione di pratiche sostenibili e la creazione di un'atmosfera sociale e comunitaria sono altresì essenziali per rispondere alle crescenti aspettative dei consumatori moderni, i quali ricercano non solo prodotti, ma anche valori ed esperienze. L'introduzione di soluzioni personalizzate e l'implementazione di servizi aggiuntivi e di tecnologie avanzate, come la stampa 3D e gli schermi interattivi, offrono ulteriori opportunità per differenziarsi dalla concorrenza e creare un legame forte con la clientela. In un mercato sempre più competitivo e in evoluzione, la capacità di innovare e adattare il merchandising e il layout del negozio alle esigenze e ai desideri dei consumatori è cruciale per il mantenimento e l'espansione della quota di mercato.

L'aspetto sostenibile, in particolare, è diventato non solo un valore aggiunto, ma anche un imperativo, dato l'incremento della consapevolezza ambientale tra i consumatori. Le iniziative green, l'utilizzo di materiali ecologici e la promozione di prodotti sostenibili contribuiscono non solo a migliorare l'immagine del brand, ma anche a soddisfare una domanda sempre più esigente e informata.

Infine, la continua analisi e sperimentazione, basate su dati affidabili e aggiornati, permetteranno ai retailer di anticipare le tendenze, adeguare le strategie e offrire un'esperienza d'acquisto sempre all'altezza delle aspettative dei consumatori, garantendo così il successo a lungo termine nel dinamico settore della grande distribuzione.

8. Private Label vs Marche Note

Il confronto tra Private Label e Marche Note è un tema centrale nella grande distribuzione. Le Private Label, o marche private, sono prodotti fabbricati o forniti da terzi ma venduti sotto il marchio del rivenditore. Le Marche Note, al contrario, sono prodotti realizzati e venduti sotto il marchio del produttore.

Private Label

1. **Prezzo**: Generalmente, i prodotti Private Label hanno un prezzo inferiore rispetto alle Marche Note, rendendoli attrattivi per i consumatori sensibili al prezzo.
2. **Margine di Profitto**: I rivenditori tendono a ottenere margini di profitto più elevati dai prodotti Private Label.
3. **Controllo**: I rivenditori hanno un maggiore controllo sulla produzione, sulla qualità e sulla strategia di marketing dei prodotti Private Label.
4. **Esclusività**: Essendo esclusivi di un determinato rivenditore, i prodotti Private Label possono contribuire a differenziare l'offerta e a creare lealtà del cliente.
5. **Adattabilità**: Le Private Label possono essere rapidamente adattate per soddisfare le esigenze del mercato e le tendenze dei consumatori.

Marche Note

1. **Brand Recognition**: Le Marche Note godono di un'alta riconoscibilità e di una reputazione consolidata, che può tradursi in una maggiore fiducia del consumatore.
2. **Marketing e Pubblicità**: Le Marche Note investono significativamente in marketing e pubblicità, aumentando la domanda e spesso giustificando prezzi più elevati.
3. **Innovazione**: Le Marche Note sono spesso all'avanguardia in termini di ricerca e sviluppo e lanciano regolarmente nuovi prodotti e innovazioni.
4. **Distribuzione Ampia**: I prodotti delle Marche Note sono generalmente disponibili in una varietà di punti vendita, aumentando la loro visibilità e accessibilità.

In sintesi, le Private Label e le Marche Note hanno ciascuna dei vantaggi e delle sfide uniche. I rivenditori devono considerare attentamente la loro strategia relativa a questi due tipi di prodotti, bilanciando fattori come il prezzo, la qualità, il controllo del marchio e la fedeltà del cliente, per ottimizzare la loro offerta e soddisfare le diverse esigenze dei consumatori.

Continuando a esplorare il dinamico scenario dei prodotti Private Label e delle Marche Note, ci immergiamo in ulteriori aspetti e sfaccettature di questa dimensione del retail. Il panorama della distribuzione moderna vede una crescente varietà di strategie e approcci, non solo nel modo in cui i prodotti vengono posizionati sul mercato, ma anche in come vengono percepiti dai consumatori.

Sviluppo del Mercato:

Nel corso degli anni, il mercato delle Private Label è cresciuto esponenzialmente. Inizialmente associati a prodotti di bassa qualità e a basso costo, questi articoli hanno subito una trasformazione, con rivenditori che ora offrono opzioni premium e specializzate, attirando una base di clienti più ampia e diversificata. Allo stesso modo, le Marche Note continuano a esplorare nuovi segmenti di mercato e a diversificare le loro offerte per mantenere la rilevanza e la competitività.

Fiducia del Consumatore:

La percezione e la fiducia del consumatore giocano un ruolo cruciale nel successo sia delle Private Label che delle Marche Note. Le recensioni online, le classifiche dei prodotti e le certificazioni di qualità hanno aumentato la visibilità e la trasparenza, influenzando le scelte d'acquisto e costruendo o distruggendo la reputazione dei brand.

Sostenibilità e Responsabilità Sociale:

In un'era in cui la sostenibilità è al centro dell'attenzione, sia le Private Label che le Marche

Note stanno investendo in pratiche ecologicamente sostenibili, produzione etica e packaging eco-compatibile. Questi sforzi non solo rispondono alle crescenti aspettative dei consumatori, ma contribuiscono anche a costruire un'immagine di marca positiva e responsabile.

Personalizzazione e Differenziazione:
La personalizzazione dei prodotti e l'adattamento alle preferenze locali sono diventati fattori chiave nella creazione di valore. Le Private Label, avendo un controllo diretto sulla produzione e sul marketing, possono sperimentare facilmente con nuove formule e varietà, mentre le Marche Note possono sfruttare la loro expertise e la conoscenza del mercato per introdurre innovazioni mirate.

Strategie di Prezzo e Promozioni:
Le dinamiche di prezzo tra Private Label e Marche Note sono in continua evoluzione. Mentre le promozioni e gli sconti sono strumenti comuni per stimolare le vendite, l'adozione di strategie di prezzo dinamico e personalizzato, basate su analisi di dati avanzate, sta diventando sempre più prevalente.

Adozione Tecnologica:
L'uso della tecnologia, come l'intelligenza artificiale, l'analisi dei big data e la realtà aumentata, sta modellando l'interazione tra

consumatori e prodotti. Queste tecnologie permettono una maggiore personalizzazione dell'esperienza d'acquisto e una migliore comprensione delle abitudini e delle preferenze dei consumatori.

Collaborazioni e Partnership:

L'evoluzione del mercato ha anche visto un aumento delle collaborazioni tra Private Label e Marche Note. Queste partnership possono includere la condivisione di risorse produttive, competenze di marketing o canali di distribuzione, creando sinergie e opportunità mutualmente vantaggiose.

In questo contesto in rapida evoluzione, sia le Private Label che le Marche Note sono sfidate a rimanere agili, innovare costantemente e adattarsi alle mutevoli esigenze e aspettative dei consumatori. La profondità e la complessità di questo ambiente richiedono un'attenta osservazione e una strategia ben ponderata per navigare con successo nel panorama della grande distribuzione.

Navigando ulteriormente nel mare vasto e complesso delle Private Label e delle Marche Note, incontriamo numerosi altri aspetti e considerazioni che influenzano la dinamica tra questi due pilastri della grande distribuzione.

Effetti della Globalizzazione:

La globalizzazione ha avuto un impatto significativo sulla distribuzione dei prodotti. Le Marche Note, con la loro presenza globale, hanno avuto accesso a nuovi mercati e consumatori. Allo stesso tempo, le Private Label hanno beneficiato della possibilità di produrre in paesi dove i costi di produzione sono più bassi, mantenendo al contempo standard di qualità elevati.

Guerre dei Prezzi:

Il mercato è spesso teatro di guerre dei prezzi, soprattutto quando economie di scala e produzione di massa entrano in gioco. Le Marche Note, per mantenere la loro quota di mercato, possono decidere di abbassare i prezzi, spingendo le Private Label a rivedere le loro strategie di prezzo per rimanere competitive.

Fidelizzazione del Cliente:

Le strategie di fidelizzazione del cliente sono diventate sempre più sofisticate e centrali. Programmi di fidelizzazione, carte punti, e offerte esclusive sono strumenti che entrambi, Private

Label e Marche Note, utilizzano per mantenere e incrementare la loro base di clienti.

Reputazione e Immagine di Marca:

L'immagine di marca e la reputazione sono asset inestimabili per entrambi. Mentre le Marche Note spesso investono ingenti somme in pubblicità, le Private Label si affidano alla qualità e alla soddisfazione del cliente per costruire e mantenere la loro reputazione.

Trend di Consumo:

Il monitoraggio dei trend di consumo è fondamentale per entrambe le parti. Comprendere le abitudini dei consumatori, le loro preferenze e valori, aiuta sia le Private Label che le Marche Note a adattare i loro prodotti e strategie di marketing.

Normative e Certificazioni:

L'adempimento a normative rigorose e l'ottenimento di certificazioni di qualità sono essenziali per guadagnare la fiducia dei consumatori. Sia le Marche Note che le Private Label investono in questo settore, assicurando la conformità ai più alti standard.

Analisi dei Dati e Intelligenza di Mercato:

L'importanza dell'analisi dei dati non può essere sottovalutata. La capacità di raccogliere, analizzare e agire in base ai dati dei consumatori è fondamentale per personalizzare le offerte, prevedere le tendenze e ottimizzare le strategie di vendita.

Resilienza e Agilità:

In un mercato in continuo cambiamento, la resilienza e l'agilità sono chiavi per il successo. La capacità di adattarsi rapidamente ai cambiamenti del mercato, ai shock economici e alle crisi globali determina la sostenibilità a lungo termine sia delle Private Label che delle Marche Note. Questi ulteriori strati di complessità aggiungono profondità alla conversazione su Private Label e Marche Note, evidenziando la necessità di una visione olistica e di una strategia attentamente articolata per navigare con successo in questo settore in continua evoluzione.

Esplorando ulteriormente la competizione tra Private Label e Marche Note, è indispensabile osservare come l'innovazione di prodotto, la sostenibilità e la responsabilità sociale d'impresa influenzino la percezione del consumatore e, di conseguenza, il successo di una marca sul mercato.

Innovazione di Prodotto:
La capacità di introdurre prodotti innovativi è cruciale. Le Marche Note spesso dispongono di budget significativi per la Ricerca e Sviluppo, permettendo loro di lanciare prodotti rivoluzionari. D'altro canto, le Private Label tendono a essere veloci nell'adottare innovazioni, offrendo alternative a un prezzo inferiore.

Sostenibilità Ambientale:
La crescente consapevolezza ambientale tra i consumatori ha portato a un maggiore interesse verso prodotti sostenibili. Sia le Marche Note che le Private Label stanno cercando di ridurre l'impatto ambientale, utilizzando materiali riciclabili, riducendo le emissioni di carbonio e adottando pratiche produttive etiche.

Responsabilità Sociale d'Impresa (CSR):
La CSR è diventata una componente essenziale della gestione d'impresa. Le aziende si impegnano in iniziative sociali, educative e ambientali, non solo per migliorare la loro immagine di marca, ma anche per costruire rapporti solidi con la comunità e i consumatori.

Canali di Comunicazione:
Con l'avvento dei social media e del marketing digitale, i canali di comunicazione si sono moltiplicati. La presenza online, le campagne di influencer marketing e la gestione delle recensioni online sono tutte strategie impiegate

sia dalle Private Label che dalle Marche Note per raggiungere e coinvolgere il loro pubblico.

Strategie di Posizionamento:

Il posizionamento di un prodotto o di una marca sul mercato è determinante. Mentre le Marche Note possono puntare su qualità, esclusività e innovazione, le Private Label possono competere con prezzi accessibili, offrendo un buon rapporto qualità-prezzo.

Differenziazione di Prodotto:

La differenziazione è fondamentale per evitare la commoditizzazione. L'introduzione di caratteristiche uniche, design distintivi e packaging innovativi sono tutti metodi utilizzati per distinguersi dalla concorrenza e attirare l'attenzione del consumatore.

Collaborazioni e Partnership:

Sia le Private Label che le Marche Note cercano collaborazioni e partnership strategiche. Queste possono includere collaborazioni con designer famosi, partnership con aziende tecnologiche, o iniziative con organizzazioni no-profit per progetti di responsabilità sociale.

Feedback del Consumatore:

Ascoltare il feedback dei consumatori è essenziale per adeguare prodotti e strategie. La creazione di canali di comunicazione aperti e l'analisi delle recensioni e dei sondaggi permettono alle aziende di adattarsi alle esigenze e alle aspettative del mercato.

L'esplorazione di questi aspetti aggiuntivi offre una visione ancora più dettagliata delle dinamiche e delle sfide che caratterizzano la relazione tra Private Label e Marche Note, sottolineando la complessità e la varietà di fattori che influenzano il loro successo nel mercato moderno.

In conclusione, il confronto tra Private Label e Marche Note rappresenta una dinamica fondamentale nel panorama della grande distribuzione moderna, dove l'equilibrio tra qualità, prezzo e percezione del valore è costantemente in gioco.

La distinzione tra queste due tipologie di marche è divenuta sempre meno marcata, grazie alla capacità delle Private Label di elevare i loro standard qualitativi e diversificare l'offerta, e parallelamente, alle Marche Note di adottare strategie di pricing più aggressive e flessibili. Le strategie di branding, marketing, e posizionamento sono dunque divenute centrali per entrambe, allo scopo di creare un legame duraturo con il consumatore e costruire una reputazione solida nel mercato.

L'innovazione di prodotto continua ad essere un terreno di confronto rilevante, con le Marche Note che spesso sono pioniere nel lancio di nuovi prodotti e tecnologie, mentre le Private Label sono rapide nell'adattarsi e proporre alternative convenienti. La sostenibilità e la responsabilità sociale sono diventate non solo un valore aggiunto, ma un requisito essenziale, influenzando significativamente le scelte dei consumatori e, quindi, la competizione tra le marche.

Inoltre, l'evoluzione dei canali di comunicazione e la crescente importanza del digitale hanno portato a un rinnovato focus sulle strategie di engagement del consumatore. L'interazione con il cliente, il feedback continuo e la presenza sui social media sono fattori chiave per la fidelizzazione e la costruzione di un brand forte e riconoscibile.

La differenziazione, attraverso la creazione di prodotti unici, design accattivanti e packaging innovativi, rimane un pilastro della strategia di marca, essenziale per emergere in un mercato sempre più saturo e variegato. Allo stesso tempo, le collaborazioni e le partnership si rivelano strumenti strategici, creando sinergie e opportunità di crescita reciproca.

In definitiva, la rivalità tra Private Label e Marche Note è sintomo di un mercato in continuo cambiamento, dove l'adattabilità, l'innovazione e la costruzione di relazioni con i consumatori sono essenziali per il successo a lungo termine. La comprensione delle dinamiche, delle aspettative dei consumatori e delle tendenze del mercato è pertanto cruciale per navigare con successo nel complesso e competitivo mondo della grande distribuzione moderna.

9. Strategie di Pricing

Esplorando il tema delle strategie di pricing nella grande distribuzione, ci addentriamo in un aspetto centrale che determina la competitività di un'impresa nel mercato. Le strategie di pricing influenzano direttamente i margini di profitto, la percezione del valore da parte dei consumatori e la posizione di mercato di un'azienda o di un prodotto. Varie sono le metodologie e gli approcci adottati, a seconda degli obiettivi di business, delle caratteristiche del mercato e del comportamento del consumatore.

1. **Pricing di Penetrazione**: Questa strategia implica fissare i prezzi inizialmente bassi per attirare i clienti e guadagnare rapidamente quote di mercato. Una volta che ciò è ottenuto, i prezzi possono essere aumentati.

2. **Pricing di Scrematura**: Al contrario, la strategia di scrematura prevede di fissare i prezzi elevati per i nuovi prodotti per massimizzare i profitti dalle prime vendite, per poi ridurre gradualmente i prezzi nel tempo.

3. **Pricing Psicologico**: Questa strategia sfrutta la psicologia del consumatore, fissando i prezzi a livelli che il cliente percepisce come più bassi, come ad esempio €9,99 invece di €10,00.

4. **Pricing Dinamico**: Il pricing dinamico prevede l'adattamento dei prezzi in tempo reale in base a variabili come la domanda, l'offerta, il comportamento del consumatore o le condizioni di mercato.

5. **Pricing Promozionale**: Questa strategia implica l'offerta di sconti, offerte e promozioni per stimolare le vendite, attirare nuovi clienti o liberarsi delle scorte.

6. **Pricing Basato sui Costi**: In questo caso, il prezzo è determinato aggiungendo un margine di profitto ai costi totali di produzione e distribuzione del prodotto.

7. **Pricing Basato sul Valore**: Questa strategia stabilisce il prezzo in base al valore percepito dal consumatore, piuttosto che sui costi di produzione.

8. **Pricing Competitivo**: Qui, i prezzi sono fissati in relazione ai prezzi dei concorrenti, che

possono essere eguagliati, sottostimati o superati a seconda degli obiettivi.

9. **Pricing Geografico**: Questa strategia considera le differenze di prezzo tra diverse aree geografiche a causa di variazioni nei costi di trasporto, nelle tasse o nelle condizioni di mercato.

10. **Pricing di Bundle**: Il bundling prevede di offrire più prodotti o servizi insieme a un prezzo ridotto rispetto all'acquisto separato.

Queste diverse strategie sono spesso combinate e adattate in base alle esigenze specifiche del mercato e alle dinamiche competitive. È fondamentale per le aziende comprendere il contesto in cui operano, analizzare costantemente il comportamento dei consumatori e monitorare le mosse dei concorrenti per adottare la strategia di pricing più efficace. L'obiettivo è di massimizzare i profitti, aumentare le quote di mercato, rinforzare la posizione del brand e costruire relazioni durature con la clientela.

Il mondo delle strategie di pricing è incredibilmente articolato e si evolve continuamente in risposta ai cambiamenti del mercato, alle tendenze dei consumatori e all'innovazione tecnologica. Ad esempio, l'avvento del commercio elettronico ha introdotto nuove dinamiche e sfide nel posizionamento dei prezzi, rendendo il mercato ancor più competitivo e trasparente. I consumatori, dotati di strumenti digitali sempre più avanzati, possono confrontare i prezzi in tempo reale, leggere recensioni e ottenere sconti, modificando di conseguenza le aspettative e il comportamento d'acquisto.

Un altro aspetto fondamentale da considerare è l'impatto delle recensioni online e dei social media sulla percezione del valore. La reputazione di un prodotto o di un marchio può influenzare significativamente la disponibilità del consumatore a pagare un determinato prezzo. Le aziende sono quindi chiamate a gestire attentamente la propria immagine online e a interagire con i consumatori, ascoltando feedback e risolvendo eventuali problemi.
La personalizzazione dei prezzi rappresenta una tendenza emergente, dove l'analisi dei dati sui consumatori consente alle aziende di offrire prezzi differenziati in base alle preferenze, al

comportamento d'acquisto e alla sensibilità al prezzo di ciascun cliente. Questo approccio può contribuire a ottimizzare i margini di profitto, ma solleva anche questioni etiche e di privacy che devono essere attentamente gestite.

Inoltre, il crescente focus sulla sostenibilità sta influenzando le strategie di pricing. I consumatori sono sempre più consapevoli dell'impatto ambientale e sociale dei prodotti che acquistano e sono disposti a pagare un premio per beni prodotti in modo etico e sostenibile. Le aziende, di conseguenza, stanno esplorando modelli di pricing che riflettano questi valori e stanno comunicando in modo proattivo gli sforzi intrapresi in termini di sostenibilità.

Un ulteriore elemento da esplorare è l'importanza della trasparenza dei prezzi. I consumatori oggi desiderano comprendere la composizione del prezzo finale e quali fattori contribuiscono al costo del prodotto. Una maggiore trasparenza può migliorare la fiducia del cliente e rafforzare il legame con il marchio. Infine, è essenziale sottolineare che la strategia di pricing non è statica, ma dinamica e adattabile. Le aziende devono monitorare costantemente le performance di vendita, analizzare le reazioni dei consumatori e essere pronte a modificare la strategia di prezzo in risposta a nuove opportunità o sfide di mercato. La capacità di adattarsi e innovare è fondamentale in un ambiente di business sempre più complesso e in evoluzione.

Nel contesto della grande distribuzione, le strategie di pricing si intrecciano con le dinamiche di concorrenza e con le caratteristiche peculiari del mercato. È essenziale esplorare come le strategie di pricing possono essere utilizzate per incrementare la quota di mercato, attrarre nuovi clienti e fidelizzare la clientela esistente.

Una pratica comune è quella dei prezzi psicologici, ovvero la definizione di prezzi che terminano con .99 o .95. Questa tecnica si basa sulla percezione del consumatore e sull'idea che un prezzo di €9.99 sia significativamente inferiore a €10.00, anche se la differenza effettiva è minima. Questa strategia può influenzare positivamente la percezione del valore e incrementare le vendite.

La promozione delle vendite attraverso sconti, offerte speciali e programmi fedeltà rappresenta un altro meccanismo chiave nel contesto della grande distribuzione. Questi strumenti permettono di stimolare la domanda e di aumentare il volume delle vendite, pur potendo erodere i margini di profitto. La gestione efficace delle promozioni richiede un'attenta analisi del comportamento del consumatore e della elasticità della domanda.

Anche il concetto di valore percepito gioca un ruolo cruciale nelle strategie di pricing. Le aziende cercano di posizionare i loro prodotti in modo tale che il consumatore percepisca un rapporto qualità-prezzo ottimale. L'obiettivo è creare un equilibrio tra il valore percepito dal consumatore e il prezzo effettivo del prodotto, influenzando così la propensione all'acquisto.

Il dynamic pricing, ovvero la capacità di modificare i prezzi in tempo reale in base a variabili quali la domanda, l'offerta e le condizioni di mercato, è un'altra strategia in crescita, particolarmente rilevante nell'e-commerce. Questa pratica permette di massimizzare i profitti e di rispondere con flessibilità alle fluttuazioni del mercato.

L'analisi competitiva dei prezzi è altresì fondamentale. Le aziende monitorano costantemente i prezzi della concorrenza e adattano la propria strategia di pricing in base al posizionamento desiderato nel mercato. Questo può includere l'adozione di strategie di penetrazione, con prezzi inizialmente bassi per acquisire quota di mercato, o di premium pricing, per posizionare il prodotto come di alta qualità.

Inoltre, è cruciale considerare l'impatto delle strategie di pricing sulla marca e sull'immagine aziendale. Un posizionamento di prezzo coerente con l'identità del marchio contribuisce a rafforzare la percezione del valore e a costruire un legame duraturo con il consumatore.
Infine, in un'era di crescente digitalizzazione e globalizzazione, è essenziale esplorare come le strategie di pricing possano essere adattate a diversi mercati e segmenti di clientela, tenendo conto delle differenze culturali, delle normative locali e delle aspettative dei consumatori.

Nel contesto di strategie di pricing nella grande distribuzione, è essenziale anche esaminare l'impatto delle tecnologie digitali e dei big data. L'accesso a enormi quantità di dati sui consumatori permette alle aziende di affinare le loro strategie di prezzi, segmentando l'offerta e personalizzando i prezzi in modi precedentemente impossibili. Ad esempio, la tecnologia permette di analizzare il comportamento d'acquisto e le preferenze dei consumatori, permettendo di offrire promozioni e sconti mirati e di ottimizzare i prezzi per differenti segmenti di clientela.
Un altro aspetto rilevante è la trasparenza dei prezzi. Con l'avvento di Internet e delle piattaforme di comparazione prezzi, i

consumatori sono sempre più in grado di confrontare i prezzi dei prodotti tra differenti rivenditori. Questa trasparenza impone alle aziende di essere sempre più competitive e di trovare un equilibrio tra prezzi attraenti e margini di profitto sostenibili.

Le strategie di pricing dinamico e di yield management sono particolarmente rilevanti in questo contesto. Queste strategie permettono di variare i prezzi in tempo reale, in risposta a variazioni della domanda e dell'offerta, ottimizzando così i ricavi. Ad esempio, i prezzi possono essere aumentati durante i periodi di alta domanda o ridotti per svuotare le scorte. Inoltre, è importante considerare l'importanza della coerenza dei prezzi attraverso i vari canali di distribuzione. Le aziende operano in un ambiente omnicanale, dove i consumatori acquistano prodotti sia online che offline. Mantenere coerenza nei prezzi tra i diversi canali è fondamentale per evitare confusione e insoddisfazione tra i clienti e per mantenere un'immagine di marca forte e coerente.

La sostenibilità è un altro tema centrale nelle strategie di pricing contemporanee. I consumatori sono sempre più consapevoli delle questioni ambientali e sociali, e sono disposti a pagare un premio per prodotti sostenibili. Le aziende possono quindi adottare strategie di pricing che riflettono queste preferenze, posizionando i prodotti sostenibili a un prezzo premium e comunicando efficacemente i benefici ambientali e sociali.

Le considerazioni psicologiche influenzano anche il comportamento d'acquisto e, di conseguenza, le strategie di pricing. Le tecniche di neuromarketing, ad esempio, studiano le reazioni dei consumatori a differenti stimoli, inclusi i prezzi, per comprendere i fattori che influenzano le decisioni d'acquisto e per sviluppare strategie di pricing più efficaci.

Da non dimenticare è l'impatto delle normative e delle politiche fiscali sulle strategie di pricing. Le aziende devono navigare in un ambiente normativo complesso e in continua evoluzione, dove fattori come le tasse, le tariffe doganali e le normative sulla concorrenza possono influenzare significativamente i prezzi dei prodotti e i margini di profitto.

In conclusione, la definizione delle strategie di pricing nella grande distribuzione è un processo complesso e multifattoriale, che richiede un attento equilibrio tra fattori interni ed esterni e un'adattabilità continua alle dinamiche di mercato.

Le strategie di pricing, inoltre, devono tenere conto delle peculiarità dei diversi mercati geografici. Fattori come il potere d'acquisto, la concorrenza locale e le preferenze dei consumatori variano significativamente da una regione all'altra, rendendo necessario un approccio differenziato e localizzato. Le aziende della grande distribuzione, in particolare quelle con presenza internazionale, devono quindi sviluppare strategie di prezzo flessibili e adattabili alle diverse realtà di mercato.

Anche il ruolo dei competitor è cruciale nella definizione delle strategie di prezzo. La presenza di rivali che praticano prezzi aggressivi può costringere le aziende a ridurre i margini per mantenere la competitività, mentre un contesto di minor concorrenza può offrire maggiori opportunità di differenziazione attraverso il prezzo. L'analisi della concorrenza e il monitoraggio dei prezzi dei competitor sono quindi attività centrali nella definizione delle strategie di pricing.

La crescita dell'e-commerce ha introdotto ulteriori sfide e opportunità in termini di strategie di pricing. Il commercio online permette una maggiore personalizzazione dei prezzi, grazie alla raccolta e all'analisi dei dati degli utenti. Tuttavia, esso comporta anche un maggiore confronto dei prezzi da parte dei consumatori e la necessità di integrare le strategie di pricing online e offline.

La leva psicologica del prezzo è altresì un elemento di grande importanza. Le strategie di pricing possono sfruttare diversi meccanismi psicologici, come il charm pricing (prezzi terminanti in .99), per influenzare la percezione del valore e stimolare l'acquisto. La comprensione della psicologia del consumatore e l'applicazione di tecniche di pricing psicologico possono quindi contribuire significativamente al successo delle strategie di prezzo.

L'innovazione nei metodi di pagamento è un altro fattore che influisce sulle strategie di pricing. L'adozione di nuovi sistemi di pagamento, come le criptovalute o i pagamenti contactless, può avere implicazioni sulle dinamiche di prezzo e sulle aspettative dei consumatori. Le aziende devono quindi tenere d'occhio le tendenze nel campo dei pagamenti e adeguare le loro strategie di prezzo di conseguenza.

La gestione dei costi è fondamentale per la definizione delle strategie di pricing. Le aziende devono costantemente monitorare e ottimizzare i costi di produzione, distribuzione e marketing per mantenere margini sani e offrire prezzi competitivi. L'efficienza operativa e la riduzione dei costi possono permettere alle aziende di praticare prezzi più bassi senza erodere la redditività.

Infine, l'importanza dell'etica e della responsabilità sociale nelle strategie di pricing non può essere sottovalutata. Le aziende sono sempre più chiamate a rispondere a esigenze di sostenibilità e equità, e le strategie di prezzo devono riflettere questi valori. Il pricing etico e responsabile può contribuire a costruire una reputazione positiva e a creare valore a lungo termine per l'azienda.

In conclusione, l'arte delle strategie di pricing nella grande distribuzione è una pratica multidimensionale che richiede un approccio olistico e ben ponderato. L'abilità nel bilanciare i costi, rispondere alle aspettative dei consumatori, monitorare e reagire alla concorrenza, e integrare efficacemente i canali online e offline sono elementi chiave per la formulazione di strategie di prezzo vincenti. Le strategie di pricing non sono statiche, ma dinamiche e in continua evoluzione. Le aziende devono adattarsi rapidamente ai cambiamenti del mercato, alle fluttuazioni dei costi delle materie prime, alle nuove tecnologie e ai comportamenti dei consumatori in continua evoluzione. L'uso di analisi dati avanzate e strumenti di intelligence di mercato è quindi

fondamentale per prevedere le tendenze e
ottimizzare le strategie di prezzo in tempo reale.
Inoltre, è essenziale che le aziende della grande
distribuzione considerino l'aspetto etico e
sostenibile delle loro strategie di pricing. Pratiche
di prezzo equo, trasparenza e responsabilità
sociale non solo contribuiscono a costruire
un'immagine di marca positiva, ma sono anche
sempre più richieste da consumatori consapevoli
e informati. L'adozione di un approccio etico al
pricing può quindi risultare in un vantaggio
competitivo e in un valore aggiunto per l'azienda.
In questo scenario, la personalizzazione delle
strategie di prezzo riveste un'importanza
particolare. L'uso di big data e analisi
comportamentali permette di comprendere in
profondità le esigenze e le aspettative dei
consumatori, consentendo alle aziende di offrire
prezzi su misura e promozioni mirate. Questo
tipo di approccio al pricing può
significativamente aumentare la soddisfazione
del cliente e la fedeltà alla marca, contribuendo
alla crescita e alla redditività dell'azienda.
Infine, è indispensabile che le strategie di pricing
siano allineate con gli obiettivi a lungo termine
dell'azienda e siano parte integrante di una
strategia complessiva di marketing e
posizionamento. Il prezzo è uno degli elementi
chiave del mix di marketing e influisce

direttamente sulla percezione del valore da parte dei consumatori. Una strategia di pricing ben formulata e coerente è quindi fondamentale per il successo e la sostenibilità di un'azienda nella competitiva arena della grande distribuzione. Tutto ciò sottolinea l'importanza di un'analisi approfondita, di un continuo monitoraggio del mercato e di un aggiornamento costante delle competenze e delle conoscenze per sviluppare e implementare strategie di pricing efficaci nel dinamico mondo della grande distribuzione moderna.

10. Marketing e Pubblicità

Il marketing e la pubblicità nel settore della grande distribuzione rappresentano pilastri fondamentali per il successo delle imprese. Questi elementi servono a creare consapevolezza del brand, generare traffico nei punti vendita fisici e online, e incentivare l'acquisto da parte dei consumatori.

1. **Strategie di Marketing Differenziate:** Le imprese di grande distribuzione adottano strategie di marketing differenziate per raggiungere segmenti di clientela diversificati. L'utilizzo di tecniche come il marketing sensoriale, il visual merchandising, e il marketing

esperienziale contribuiscono a creare un'esperienza unica per il consumatore.

2. **Omnichannel Marketing:** L'integrazione tra canali fisici e digitali è essenziale. Le aziende utilizzano piattaforme online, app, social media e negozi fisici per offrire un'esperienza cliente omogenea e integrata, potenziando la visibilità e l'accessibilità dei prodotti.

3. **Personalizzazione delle Offerte:** L'analisi dei dati dei clienti permette di personalizzare le offerte e le promozioni. La segmentazione del mercato e l'utilizzo di algoritmi avanzati consentono di proporre prodotti e sconti su misura per i diversi tipi di consumatori.

4. **Pubblicità Creativa e Innovativa:** La creazione di campagne pubblicitarie originali e accattivanti è fondamentale per attirare l'attenzione dei consumatori. L'uso di influencer, storytelling e contenuti multimediali interattivi sono tecniche sempre più diffuse.

5. **Sostenibilità e Responsabilità Sociale:** La promozione di pratiche sostenibili e responsabili è diventata un elemento chiave nel marketing. Le aziende evidenziano i loro sforzi in termini di sostenibilità ambientale, etica del lavoro e contributo sociale per costruire un'immagine positiva e attrarre consumatori consapevoli.

6. **Programmi di Fedeltà e Fidelizzazione:** Le aziende della grande distribuzione sviluppano programmi di fedeltà offrendo vantaggi, sconti esclusivi e premi per incentivare la fidelizzazione dei clienti e stimolare acquisti ripetuti.

7. **Eventi e Sponsorizzazioni:** L'organizzazione di eventi e la partecipazione a sponsorizzazioni aumentano la visibilità del brand e creano opportunità di interazione diretta con i consumatori, rafforzando la relazione con la clientela.

8. **Analisi e Ricerca di Mercato:** La conduzione di ricerche di mercato e l'analisi dei dati di vendita sono essenziali per comprendere le tendenze, i bisogni dei consumatori e l'efficacia delle campagne di marketing e pubblicità.

9. **SEO e SEM:** Le strategie di ottimizzazione per i motori di ricerca (SEO) e il marketing sui motori di ricerca (SEM) sono cruciali per aumentare la visibilità online e attirare traffico qualificato verso i siti e-commerce.

10. **Relazioni Pubbliche e Gestione della Reputazione:** La gestione delle relazioni pubbliche e la cura della reputazione online e offline sono fondamentali per mantenere un'immagine aziendale positiva e gestire eventuali crisi di comunicazione.

Concludendo, il marketing e la pubblicità nella grande distribuzione sono strumenti indispensabili che, se utilizzati in modo strategico e innovativo, possono significativamente contribuire al successo di un'azienda nel panorama competitivo attuale. L'adattamento alle nuove tendenze, l'attenzione alle esigenze dei consumatori e l'adozione di pratiche etiche e sostenibili sono aspetti chiave per costruire relazioni durature con la clientela e consolidare la posizione di mercato dell'azienda.

Nel settore della grande distribuzione, il continuo affinamento delle strategie di marketing e pubblicità è essenziale per mantenere la competitività. Le dinamiche di mercato evolvono rapidamente, e le aziende devono rimanere aggiornate su una serie di temi rilevanti:

11. **Digital Marketing:** Il digital marketing svolge un ruolo cruciale nell'attrarre clienti online. Strategie come il content marketing, l'email marketing e il retargeting pubblicitario aiutano a mantenere i clienti coinvolti e a convertire gli interessi in acquisti.

12. **Big Data e Analytics:** L'implementazione di tecnologie di big data e analytics permette di analizzare comportamenti e preferenze dei consumatori, ottimizzando la segmentazione del target e migliorando l'efficacia delle campagne pubblicitarie.

13. **Collaborazioni e Partnership:** La formazione di alleanze strategiche e partnership con altri marchi può espandere la portata e l'impatto delle campagne di marketing, offrendo vantaggi reciproci e accesso a nuovi segmenti di mercato.

14. **User Experience (UX) e Design:** Un'ottima user experience nei punti vendita online e fisici è fondamentale. Il design intuitivo e accattivante di siti web, app e layout di negozi fisici può migliorare la soddisfazione del cliente e incrementare le vendite.

15. **Innovazione di Prodotto:** La promozione di nuovi prodotti innovativi e l'adattamento dell'assortimento ai cambiamenti nelle preferenze dei consumatori sono tattiche essenziali per mantenere l'interesse e stimolare la domanda.

16. **Customer Relationship Management (CRM):** L'adozione di sistemi CRM avanzati consente di gestire e analizzare le interazioni con i clienti, migliorando la relazione con questi ultimi e aumentando la retention.

17. **Social Media Marketing:** La presenza attiva sui social media è vitale. La creazione di contenuti coinvolgenti, l'interazione con il pubblico e l'ascolto delle conversazioni online possono rafforzare il brand e migliorare la reputazione.

18.   **Guerilla Marketing:** L'utilizzo di tecniche di guerilla marketing, non convenzionali e a basso costo, può generare buzz e visibilità, sorprendendo il pubblico e rendendo il marchio memorabile.

19. **Influencer Marketing:** Collaborazioni con influencer e personaggi noti possono incrementare la credibilità e la visibilità del brand, raggiungendo specifici segmenti demografici e creando engagement.

20.   **Risposta al Cambiamento del Comportamento del Consumatore:** Monitorare e adattarsi ai cambiamenti nel comportamento d'acquisto e alle aspettative dei consumatori è cruciale. L'ascolto del cliente e la flessibilità nelle strategie sono essenziali per soddisfare le esigenze in continua evoluzione. Attraverso l'implementazione e l'aggiornamento costante di queste strategie e tecniche, le aziende della grande distribuzione possono mantenere la loro rilevanza nel mercato, attrarre nuovi clienti e fidelizzare quelli esistenti, mentre si adattano alle tendenze emergenti e alle nuove sfide competitive. La chiave del successo risiede nella capacità di innovare e personalizzare l'approccio di marketing e pubblicità in risposta alle dinamiche del mercato e alle preferenze dei consumatori.

Le strategie di marketing e pubblicità nella grande distribuzione sono multifaccettate e in continua evoluzione. Oltre ai punti già discussi, ci sono vari altri aspetti che le aziende considerano per rimanere competitive e raggiungere il loro pubblico:

21. **Sostenibilità e Responsabilità Sociale:** Una crescente attenzione alla sostenibilità e alla responsabilità sociale sta influenzando le scelte dei consumatori. Le aziende stanno adottando pratiche ecologiche e etiche, comunicando tali valori attraverso campagne di marketing mirate.

22. **Programmi di Fedeltà:** Sviluppare e gestire programmi di fidelizzazione efficaci è essenziale per incentivare i clienti a tornare. Punti, sconti e premi personalizzati contribuiscono a creare un rapporto di lealtà tra il brand e il consumatore.

23. **Eventi e Sponsorizzazioni:** Partecipare a eventi di settore o sponsorizzare iniziative locali può aumentare la visibilità del brand e creare collegamenti positivi con la comunità e i potenziali clienti.

24. **Tecnologie di Realtà Aumentata:** L'utilizzo di tecnologie di realtà aumentata nel marketing offre un'esperienza d'acquisto immersiva, consentendo ai clienti di provare virtualmente i prodotti prima dell'acquisto.

25. **Personalizzazione:** La personalizzazione delle offerte e delle comunicazioni attraverso l'analisi dei dati dei clienti è fondamentale per aumentare la rilevanza e l'efficacia delle campagne pubblicitarie.

26. **Omnichannel Marketing:** Integrare l'esperienza d'acquisto tra i canali online e offline è vitale. Un'esperienza seamless tra siti web, app mobile e negozi fisici può aumentare la soddisfazione del cliente.

27. **SEO e SEM:** Ottimizzare la presenza online attraverso tecniche di Search Engine Optimization (SEO) e Search Engine Marketing (SEM) è cruciale per migliorare la visibilità su motori di ricerca e attirare traffico qualificato.

28. **Gestione delle Recensioni:** Monitorare e rispondere alle recensioni online può migliorare la reputazione del brand, risolvere eventuali problemi e dimostrare un impegno nella soddisfazione del cliente.

29. **Storytelling:** Creare e condividere storie coinvolgenti riguardanti il brand, i prodotti o la missione dell'azienda può creare un legame emotivo con i consumatori e rinforzare l'immagine del brand.

30. **Video Marketing:** Sviluppare contenuti video creativi e informativi può migliorare l'engagement, aumentare la consapevolezza del

brand e incoraggiare la condivisione sui canali social.

Esplorando e sperimentando questi approcci, le aziende della grande distribuzione possono scoprire nuove opportunità di connessione con il pubblico, adattarsi alle esigenze dei consumatori e rimanere all'avanguardia in un mercato in continua evoluzione. La combinazione di strategie tradizionali e innovative può portare a un mix di marketing efficace, che risponde alle sfide del panorama commerciale contemporaneo.

In conclusione, il marketing e la pubblicità nella grande distribuzione moderna sono strumenti indispensabili per acquisire e mantenere clienti, aumentare le vendite e rafforzare la presenza del brand sul mercato. La continua evoluzione dei gusti dei consumatori, l'avvento delle nuove tecnologie e la crescente concorrenza rendono essenziale l'adozione di strategie innovative e diversificate.

La sostenibilità e la responsabilità sociale, ad esempio, non sono più opzionali, ma elementi chiave per costruire un'immagine positiva del brand e rispondere alle aspettative dei consumatori moderni. La personalizzazione delle offerte, attraverso un'analisi dettagliata dei dati dei clienti, consente di creare campagne pubblicitarie mirate, aumentando così l'efficacia e il ROI.

Le tecnologie, come la realtà aumentata e le piattaforme online, offrono nuove opportunità di interazione con il cliente e di vendita, integrando e potenziando l'esperienza d'acquisto tradizionale. L'approccio omnichannel è fondamentale in questo contesto, per garantire una transizione fluida tra il mondo online e offline.

Inoltre, strategie come il video marketing e lo storytelling consentono di creare un legame emotivo con i consumatori, migliorando l'engagement e la fedeltà al brand. La gestione attiva delle recensioni e la partecipazione a eventi e sponsorizzazioni contribuiscono a consolidare la reputazione e la visibilità dell'azienda. L'efficacia delle strategie di marketing e pubblicità nella grande distribuzione dipende dalla capacità di combinare elementi tradizionali e innovativi, di adattarsi rapidamente ai cambiamenti del mercato e di anticipare le esigenze dei consumatori. La profonda conoscenza del target, l'adozione di tecnologie avanzate e la valorizzazione dei principi etici e sostenibili sono i pilastri su cui costruire campagne di successo nel panorama della grande distribuzione moderna.

11. Fidelizzazione del Cliente (Programmi fedeltà, Carte punti, ecc.)

Il concetto di fidelizzazione del cliente in ambito di grande distribuzione rappresenta un componente cruciale. I programmi di fidelizzazione, carte punti, sconti esclusivi e altre iniziative promozionali sono strumenti chiave per incentivare i clienti a tornare e a preferire una specifica catena o punto vendita rispetto ai concorrenti.

I programmi fedeltà, in particolare, sono progettati per offrire vantaggi ai clienti abituali, raccogliendo punti o ricevendo sconti e offerte esclusive. Questi programmi sono spesso personalizzati in base ai dati demografici e ai comportamenti di acquisto dei clienti, permettendo così di offrire premi e vantaggi su misura.

Le carte punti sono uno strumento diffuso che consente ai clienti di accumulare punti per ogni acquisto effettuato, punti che possono poi essere convertiti in sconti, buoni acquisto o premi. Questo tipo di sistema incentiva non solo la fidelizzazione ma anche l'aumento della spesa media per cliente.

L'implementazione di app e piattaforme digitali ha ulteriormente ampliato le possibilità in ambito di fidelizzazione. Attraverso le app, i clienti possono avere accesso a offerte personalizzate, partecipare a giochi e concorsi, ricevere notifiche di sconti esclusivi e molto altro, tutto mirato a rafforzare il legame tra cliente e punto vendita.

Inoltre, i feedback dei clienti raccolti attraverso questi canali possono essere utilizzati per migliorare ulteriormente l'offerta e il servizio, contribuendo a creare un ciclo virtuoso di miglioramento continuo e rafforzamento della fedeltà del cliente.

È anche importante sottolineare l'importanza della Customer Experience nel processo di fidelizzazione. Un'esperienza d'acquisto positiva, che includa un servizio clienti eccellente, la facilità di navigazione in negozio o online, e la disponibilità di prodotti di qualità, può significativamente influenzare la percezione del cliente e la sua propensione a ritornare.

Il ruolo della Responsabilità Sociale d'Impresa (RSI) è un altro aspetto da considerare. Le iniziative eco-sostenibili, etiche e sociali possono contribuire a creare un'immagine positiva del brand, influenzando la scelta dei consumatori e contribuendo alla loro fidelizzazione.

In sintesi, la fidelizzazione del cliente nella grande distribuzione moderna è un processo multifattoriale che richiede l'integrazione di strategie classiche e innovative, con l'obiettivo di creare un legame duraturo e vantaggioso tra il cliente e l'azienda.

La tecnologia gioca un ruolo sempre più significativo nel processo di fidelizzazione del cliente. L'intelligenza artificiale e l'analisi dei dati sono impiegate per identificare e comprendere meglio i comportamenti dei clienti, permettendo alle aziende di personalizzare le offerte e comunicare in modo più efficace. Questo approccio data-driven consente di anticipare le esigenze dei clienti e proporre soluzioni in linea con le loro aspettative.

Le strategie omnicanale sono diventate fondamentali nella grande distribuzione moderna. L'obiettivo è offrire un'esperienza di acquisto fluida e integrata su tutti i canali, sia online che offline. La coerenza tra i vari canali è essenziale per mantenere la fiducia e la lealtà del cliente, che si aspetta di ricevere lo stesso livello di servizio e qualità indipendentemente dal punto di contatto con il brand.

Un'altra strategia importante nella fidelizzazione del cliente è la creazione di community e l'interazione sui social media. Le piattaforme social offrono l'opportunità di costruire relazioni più strette con i clienti, promuovere la partecipazione e la condivisione, e creare un senso di appartenenza al brand. I contenuti generati dagli utenti, come recensioni e testimonianze, possono contribuire a rafforzare la reputazione dell'azienda e a instaurare un rapporto di fiducia con i clienti.

Il personal branding e la formazione del personale di vendita sono anch'essi cruciali. Un personale competente, cortese e disponibile è in grado di migliorare significativamente l'esperienza d'acquisto e di aumentare la probabilità che i clienti ritornino. La formazione continua del personale e l'investimento nelle risorse umane sono quindi aspetti essenziali per la fidelizzazione del cliente.

L'importanza della personalizzazione dell'offerta non può essere sottovalutata. Le soluzioni di personalizzazione, supportate dall'IA e dall'analisi dei dati, permettono di creare promozioni su misura, raccomandazioni di prodotti e comunicazioni individualizzate. Questo approccio incentrato sul cliente contribuisce a migliorare la soddisfazione e la ritenzione.

Infine, l'integrazione di programmi di responsabilità sociale e ambientale nelle strategie di fidelizzazione può contribuire a soddisfare le crescenti aspettative dei consumatori in termini di sostenibilità e etica aziendale. L'impegno in iniziative green e sociali può essere un fattore differenziante e creare un valore aggiunto per il brand.

In conclusione, per ottenere il successo nella fidelizzazione del cliente, è indispensabile adottare un approccio olistico e integrato, che combini innovazione tecnologica, strategie di marketing personalizzate, eccellenza nel servizio e responsabilità sociale.

Nella grande distribuzione moderna, il concetto di fidelizzazione del cliente si evolve continuamente, e le aziende sono chiamate a rinnovare le loro strategie per mantenere l'interesse e la lealtà dei consumatori. L'introduzione di tecnologie di realtà aumentata e virtuale offre nuove possibilità per migliorare l'esperienza d'acquisto, rendendola più coinvolgente e interattiva. Ad esempio, alcune applicazioni permettono ai clienti di visualizzare virtualmente i prodotti nell'ambiente domestico prima dell'acquisto, fornendo un valore aggiunto e un motivo in più per preferire un determinato rivenditore.

Le partnership con altri marchi e aziende possono anch'esse rappresentare un modo efficace per incrementare la fidelizzazione del cliente. Collaborando con brand complementari, i retailer possono proporre offerte e promozioni incrociate, ampliando la varietà di vantaggi disponibili per i clienti fedeli e incentivandoli a continuarc gli acquisti.

Nello scenario della grande distribuzione, le dinamiche di gamification stanno acquistando sempre più terreno come strumento di fidelizzazione. L'idea è di incorporare elementi ludici nelle strategie di marketing, come concorsi, premi, e sfide, per stimolare l'engagement dei clienti e incoraggiarli a interagire con il brand in modo più frequente e profondo.

La trasparenza e l'onesta nella comunicazione sono fondamentali per costruire un rapporto di fiducia tra il cliente e l'azienda. Le informazioni chiare riguardo origine, composizione e modalità di produzione dei prodotti possono fare la differenza nella percezione del consumatore, contribuendo alla creazione di un'immagine positiva del brand.

Le aziende stanno inoltre riconoscendo l'importanza della velocità e della comodità nel processo d'acquisto. Investimenti in sistemi di pagamento veloci e sicuri, servizi di consegna efficienti e opzioni di reso flessibili sono essenziali per soddisfare le esigenze dei clienti moderni e mantenerne la fedeltà.

La raccolta e l'analisi di feedback dei clienti rappresentano un altro aspetto cruciale nella fidelizzazione. Ascoltare le opinioni e i bisogni dei consumatori permette di apportare miglioramenti mirati e di dimostrare che l'azienda è realmente interessata a soddisfare le aspettative della sua clientela.

Inoltre, il valore dell'umanità e dell'empathy nel customer service non può essere trascurato. Un approccio umano e personalizzato nel servizio al cliente, che vada oltre l'automazione, può generare un senso di apprezzamento e di connessione emotiva, fondamentale per la fidelizzazione a lungo termine.

In aggiunta a quanto già discusso, il concetto di Corporate Social Responsibility (Responsabilità Sociale d'Impresa) gioca un ruolo significativo nella fidelizzazione del cliente. I consumatori moderni sono sempre più attenti all'impatto ambientale e sociale delle aziende da cui acquistano. Iniziative green, packaging sostenibile, condizioni di lavoro etiche e donazioni a enti benefici possono aumentare la percezione positiva del brand e influenzare le decisioni d'acquisto.

La personalizzazione dell'offerta è un altro elemento chiave. Le tecnologie di data analysis e machine learning permettono di raccogliere e analizzare i dati di acquisto e le preferenze dei clienti, consentendo di creare offerte e promozioni su misura, che rispondono alle esigenze specifiche di ogni individuo. Questa attenzione alla personalizzazione può tradursi in una maggiore soddisfazione e, di conseguenza, in una maggiore fidelizzazione.

Le community online e i social media sono strumenti fondamentali per creare e mantenere il rapporto con i clienti. Tramite piattaforme come Facebook, Instagram e Twitter, le aziende possono interagire direttamente con la propria clientela, rispondere ai commenti, condividere contenuti interessanti e avviare discussioni. Questa interazione diretta e autentica contribuisce a costruire un senso di appartenenza e a rafforzare il legame con il brand.

La formazione e l'aggiornamento continuo del personale incaricato alla vendita e all'assistenza clienti sono fondamentali per offrire un servizio di qualità e per trasmettere competenza e affidabilità. Un personale ben formato e cortese può fare la differenza nell'esperienza d'acquisto e contribuire a costruire una reputazione positiva.

La facilità di accesso a informazioni dettagliate e trasparenti sui prodotti e sui servizi è un altro fattore che contribuisce alla fidelizzazione. Un sito web ben organizzato, con una sezione FAQ esaustiva e la possibilità di contattare facilmente l'assistenza clienti, può aumentare la fiducia dei consumatori nel brand.

Infine, è importante non sottovalutare l'importanza della consistenza in ogni punto di contatto con il cliente. Dall'esperienza in negozio alla navigazione online, dall'assistenza clienti alla comunicazione sui social media, è fondamentale mantenere un livello di servizio elevato e coerente, per costruire e mantenere la fiducia e la lealtà del cliente.

Per concludere, la fidelizzazione del cliente nella grande distribuzione moderna è un processo multiforme che integra diversi elementi e strategie, dalla personalizzazione dell'offerta, all'uso dei social media, alla responsabilità sociale d'impresa.

Un fattore chiave è rappresentato dalla capacità di instaurare e nutrire una relazione continua e significativa con il cliente. Attraverso programmi fedeltà, carte punti e altre iniziative personalizzate, le aziende possono creare un legame diretto e duraturo con i consumatori, che va ben oltre la singola transazione commerciale. Questo legame si rafforza ulteriormente quando le aziende dimostrano impegno etico e sociale, rispondendo alle crescenti aspettative dei consumatori in termini di sostenibilità e responsabilità.

La tecnologia e l'innovazione digitale giocano un ruolo sempre più rilevante in questo ambito. L'analisi dei dati e l'apprendimento automatico permettono di comprendere in profondità le esigenze e le preferenze dei clienti, offrendo loro prodotti e servizi sempre più su misura. Allo stesso tempo, le piattaforme online e i social media offrono nuovi spazi di interazione e dialogo, arricchendo l'esperienza del cliente e contribuendo a costruire una community attiva e partecipe.

Il ruolo del personale, la formazione continua e l'eccellenza nel servizio al cliente sono altrettanto cruciali. Un servizio cortese, competente e affidabile può notevolmente influenzare la percezione del brand e la soddisfazione del cliente, creando le basi per una relazione di lungo termine.

Infine, la trasparenza e l'accessibilità delle informazioni, la coerenza in ogni punto di contatto e la capacità di offrire un'esperienza omogenea e di qualità, sia online che offline, sono elementi fondamentali per guadagnare e mantenere la fiducia dei clienti.

In definitiva, la fidelizzazione del cliente è un elemento strategico essenziale per la grande distribuzione moderna, che richiede un approccio olistico e l'integrazione di diverse competenze e risorse, dalla tecnologia all'etica, dalla comunicazione alla formazione, al fine di creare valore e garantire il successo a lungo termine nel mercato sempre più competitivo e dinamico della distribuzione al dettaglio.

12. Analisi del Comportamento del Consumatore

L'analisi del comportamento del consumatore è un elemento fondamentale nel campo della grande distribuzione moderna, e si focalizza su come gli individui prendono decisioni relative all'acquisto di beni e servizi. Questa analisi è vitale per le aziende che vogliono comprendere e prevedere le esigenze e le preferenze dei loro clienti, in modo da offrire prodotti e servizi più mirati e attrattivi.

1. **Metodologie di Ricerca:** L'analisi del comportamento del consumatore impiega diverse metodologie di ricerca, come sondaggi, interviste, osservazione diretta e analisi delle transazioni storiche. La Big Data Analysis e la tecnologia di machine learning sono strumenti sempre più utilizzati per raccogliere e interpretare grandi quantità di dati relativi al comportamento d'acquisto.

2. **Fattori Psicologici:** Fattori quali motivazione, percezione, apprendimento e atteggiamento influenzano significativamente le decisioni d'acquisto dei consumatori. Ad esempio, la pubblicità e il marketing mirano a influenzare l'atteggiamento del consumatore verso un prodotto o servizio, il che a sua volta può influire sulla decisione d'acquisto.

3. **Fattori Sociali e Culturali:** La cultura, la classe sociale, i gruppi di riferimento e la famiglia influenzano anch'essi il comportamento d'acquisto. Ad esempio, le abitudini alimentari di una persona possono essere fortemente influenzate dalla cultura in cui è cresciuta.

4. **Fattori Economici:** Il reddito, i prezzi, e la situazione economica generale sono fattori determinanti nel comportamento di acquisto. Ad esempio, durante un periodo di recessione economica, i consumatori potrebbero essere più inclini a cercare prodotti a basso costo.

5. **Fattori Personali:** L'età, la professione, la personalità e lo stile di vita sono tutti fattori che possono influenzare le scelte d'acquisto. Ad esempio, una persona che lavora in un settore creativo potrebbe essere più incline ad acquistare abbigliamento alla moda e di design.

6. **Processo Decisionale:** Comprendere le fasi del processo decisionale del consumatore, dalla consapevolezza del bisogno, alla ricerca di

informazioni, alla valutazione delle alternative, alla decisione d'acquisto e infine al comportamento post-acquisto, è fondamentale per le aziende che vogliono efficacemente influenzare questo processo a loro favore.

7. **Tecnologia e Comportamento Online:** L'avvento di Internet e delle tecnologie digitali ha significativamente influenzato il comportamento del consumatore. L'analisi delle ricerche online, dei click, delle recensioni e dei social media fornisce insight preziosi sulle preferenze e le intenzioni d'acquisto dei consumatori.

8. **Sostenibilità e Etica:** La crescente consapevolezza delle questioni ambientali e sociali ha portato a un aumento della domanda di prodotti sostenibili ed etici. Le aziende devono tenere in considerazione questi valori quando sviluppano prodotti e strategie di marketing.

9. **Customizzazione e Personalizzazione:** L'aspettativa di prodotti e servizi su misura è in aumento. L'analisi del comportamento del consumatore può aiutare le aziende a personalizzare le loro offerte per soddisfare le esigenze specifiche dei clienti, migliorando così la soddisfazione e la fedeltà del cliente.

10. **Influenza delle Emozioni:** Le emozioni svolgono un ruolo cruciale nelle decisioni d'acquisto. Le aziende utilizzano tecniche di marketing emotivo per creare connessioni

emotive con i consumatori e influenzare le loro scelte.

In conclusione, l'analisi del comportamento del consumatore è un campo multidisciplinare che integra psicologia, sociologia, economia e altre discipline per comprendere in profondità le motivazioni, i desideri e le necessità dei consumatori. Questa comprensione permette alle aziende di sviluppare strategie più efficaci, di personalizzare i prodotti e i servizi, e di costruire relazioni a lungo termine con i clienti, in un contesto di mercato in continua evoluzione e sempre più competitivo.

Analizzando ulteriormente il comportamento del consumatore, è evidente l'impatto dell'era digitale e delle piattaforme social sui processi decisionali di acquisto. Le recensioni online, i commenti sui social media e le influenze dei blogger e degli influencer hanno un ruolo sempre più preponderante nelle scelte dei consumatori. La reputazione online di un prodotto o servizio può determinarne il successo o il fallimento, rendendo il monitoraggio e la gestione della reputazione online attività essenziali per le aziende.

Nell'ambito del comportamento online, l'analisi dei dati comportamentali diventa cruciale. L'uso di cookies e di altre tecnologie di tracciamento permette alle aziende di raccogliere dati dettagliati sulle abitudini di navigazione dei consumatori, permettendo la creazione di profili dettagliati e la personalizzazione delle offerte in base ai comportamenti passati e alle preferenze espresse.

Inoltre, l'evoluzione delle tecnologie ha permesso lo sviluppo di tecniche di neuromarketing, che analizzano le risposte del cervello ai messaggi pubblicitari e ai prodotti. Questo approccio consente di sondare le reazioni inconsce dei consumatori, offrendo spunti preziosi su come ottimizzare i messaggi pubblicitari per massimizzare l'impatto emotivo e persuasivo.

Un altro aspetto degno di nota è l'importanza della convenienza e della fruibilità nel processo di acquisto. Il consumatore moderno tende a privilegiare soluzioni che risparmiano tempo e fatica, dando valore a servizi come la consegna a domicilio, la possibilità di acquisto online con ritiro in negozio, e le app per dispositivi mobili che facilitano la comparazione dei prezzi e la ricerca delle informazioni sui prodotti.

L'attenzione verso la sostenibilità e l'etica non si limita solo all'acquisto di prodotti eco-compatibili, ma si estende anche alla valutazione dell'etica aziendale. Consumatori sempre più informati e consapevoli tendono a preferire aziende che dimostrano un impegno verso tematiche sociali, ambientali e di welfare dei dipendenti. Questo trend ha portato all'emergere di certificazioni e marchi etici, che le aziende possono ottenere per dimostrare il loro impegno in questi settori.

Inoltre, l'aspettativa di esperienze di acquisto uniche e memorabili sta guidando le aziende verso l'implementazione di soluzioni innovative nei punti vendita, come la realtà aumentata e virtuale, i negozi senza cassa e gli ambienti immersivi, che cercano di offrire al consumatore un'esperienza d'acquisto che vada oltre la semplice transazione commerciale.

Infine, l'importanza della lealtà del cliente e della costruzione di relazioni a lungo termine con i consumatori è accentuata dalla crescente competizione e dalla possibilità per i consumatori di confrontare facilmente prezzi e offerte di differenti rivenditori. Programmi di fidelizzazione, sconti personalizzati e comunicazioni mirate sono solo alcune delle strategie adottate per incentivare la ripetizione dell'acquisto e la preferenza verso un determinato brand o rivenditore.

La complessità e la multidimensionalità del comportamento del consumatore moderno richiedono quindi un approccio olistico e multidisciplinare, che integri competenze diverse e che sia in grado di adattarsi rapidamente alle evoluzioni del mercato e alle emergenti abitudini di consumo.

Oltre a quanto già esposto, è fondamentale sottolineare come l'analisi del comportamento del consumatore debba sempre più tener conto delle differenze culturali e demografiche. La diversità di età, genere, background culturale e condizione socio-economica gioca un ruolo chiave nel modellare le preferenze e le aspettative dei consumatori. Ad esempio, le generazioni più giovani, come i Millennial e la Generazione Z, tendono a essere più sensibili ai temi dell'innovazione e della sostenibilità e ad avere aspettative elevate in termini di personalizzazione e esperienza d'acquisto.

Nel contempo, l'incremento della globalizzazione e la facilità di accesso a prodotti e servizi da tutto il mondo hanno portato a un consumatore più esigente e informato, che ricerca la qualità e l'autenticità e che è disposto a esplorare nuove opzioni e categorie di prodotti. Questo ha reso il mercato ancora più competitivo e ha accentuato la necessità per le aziende di differenziarsi e di costruire un forte legame emotivo con i consumatori.

La psicologia del consumatore è un altro campo di studio essenziale per comprendere le motivazioni e i driver di acquisto. La teoria delle motivazioni, le dinamiche dei bisogni e desideri, e gli studi sull'elaborazione delle informazioni e sulla percezione del rischio sono tutti elementi che contribuiscono a definire il comportamento del consumatore. Una profonda comprensione di questi aspetti può aiutare le aziende a sviluppare strategie di marketing più efficaci e a creare prodotti e servizi che soddisfino realmente le esigenze e le aspettative dei consumatori. Inoltre, la crescente importanza del marketing esperienziale ha portato a un focus sempre maggiore sull'interazione tra consumatore e marca, e sull'importanza di creare esperienze memorabili e coinvolgenti. Il concetto di "customer journey", ovvero il percorso che il consumatore percorre da quando viene a conoscenza di un prodotto o servizio fino all'acquisto e oltre, è diventato centrale nelle strategie di marketing. Analizzare e ottimizzare ogni punto di contatto lungo questo percorso è fondamentale per costruire relazioni durature con i consumatori e per favorire la lealtà e la raccomandazione.

L'analisi delle tendenze sociali e dei cambiamenti nel lifestyle dei consumatori è un altro aspetto rilevante. Monitorare e anticipare questi cambiamenti permette alle aziende di adattare i loro prodotti e servizi e di rimanere rilevanti nel mercato. Ad esempio, l'aumento dell'interesse verso uno stile di vita sano e attivo ha portato allo sviluppo di nuovi segmenti di mercato e a opportunità di innovazione in categorie di prodotti come alimenti e bevande, abbigliamento e tecnologia.

Infine, l'evoluzione delle tecnologie di comunicazione e l'aumento dell'utilizzo dei dispositivi mobili hanno portato a nuove forme di interazione tra consumatori e marche. La possibilità di comunicare in tempo reale e di ricevere feedback istantanei offre alle aziende opportunità uniche di engagement e di ascolto dei consumatori, ma pone anche nuove sfide in termini di gestione delle relazioni e della reputazione online.

In conclusione, l'analisi del comportamento del consumatore è un campo in continua evoluzione, che richiede un approccio flessibile e multiforme e che offre infinite possibilità di apprendimento e di sviluppo per le aziende che desiderano rimanere competitive e soddisfare le esigenze di un consumatore sempre più informato e esigente.

Un aspetto sempre più rilevante nell'analisi del comportamento del consumatore è l'effetto della sostenibilità e della responsabilità sociale d'impresa sulle decisioni d'acquisto. I consumatori moderni sono sempre più informati e consapevoli delle questioni ambientali e sociali, e molte ricerche hanno dimostrato che sono disposti a pagare di più per prodotti e servizi provenienti da aziende etiche e sostenibili. Questo ha portato le imprese a implementare pratiche più green e a comunicare i loro sforzi in questo senso, in modo da costruire una reputazione positiva e guadagnare la fiducia dei consumatori.

La crescita del commercio elettronico e dei social media ha trasformato il modo in cui i consumatori interagiscono con i brand e prendono decisioni d'acquisto. La possibilità di leggere recensioni online, confrontare prezzi e caratteristiche dei prodotti, e interagire direttamente con le aziende attraverso le piattaforme social, ha reso i consumatori più potenti e informati. Di conseguenza, le aziende devono essere sempre più trasparenti, reattive e orientate al cliente per costruire e mantenere relazioni positive con il loro target di mercato.

Nello scenario odierno, l'analisi dei Big Data e l'utilizzo di tecniche di intelligenza artificiale e machine learning sono diventati strumenti indispensabili per comprendere il comportamento del consumatore. La raccolta e l'analisi di enormi quantità di dati permettono alle aziende di identificare pattern di comportamento, anticipare le tendenze e personalizzare le offerte in modo da soddisfare le esigenze specifiche di ogni individuo. Questo livello di personalizzazione è fondamentale per creare esperienze d'acquisto soddisfacenti e per aumentare la retention dei clienti.

Il ruolo dell'emotional branding è un altro elemento chiave nel contesto attuale. Le emozioni giocano un ruolo cruciale nelle decisioni d'acquisto, e le aziende stanno sempre più cercando di costruire connessioni emotive con i consumatori attraverso storytelling, design, pubblicità e altre tecniche di marketing. Creare un forte legame emotivo può portare a una maggiore fedeltà del cliente e a un passaparola positivo, elementi essenziali per il successo a lungo termine di un brand.

Inoltre, l'importanza dell'omnicanalità è cresciuta esponenzialmente. I consumatori moderni si aspettano un'esperienza di acquisto fluida e coerente attraverso tutti i canali, sia online che offline. Le aziende devono quindi garantire una presenza integrata e omogenea su tutti i punti di contatto, e assicurare che il passaggio da un canale all'altro sia il più semplice e naturale possibile.

Un altro aspetto rilevante è l'evoluzione delle aspettative dei consumatori in termini di servizio clienti. La rapidità e la facilità di accesso alle informazioni hanno portato a un aumento delle aspettative in termini di tempi di risposta, disponibilità e personalizzazione del servizio. Le aziende che sono in grado di offrire un servizio clienti eccellente e proattivo possono differenziarsi significativamente dalla concorrenza e guadagnare la lealtà dei consumatori.

Infine, ma non meno importante, la crescente diversità e multiculturalità delle società moderne richiede un approccio sempre più inclusivo e adattabile. Comprendere e rispettare le differenze culturali, religiose e di genere è fondamentale per creare prodotti e servizi che siano accoglienti e accessibili a un pubblico eterogeneo e globale.

Tutti questi elementi, uniti alle continue innovazioni tecnologiche e ai cambiamenti socio-culturali, rendono l'analisi del comportamento del consumatore un campo complesso ma estremamente stimolante, in cui le opportunità di apprendimento e crescita sono praticamente infinite.

Concludendo, l'analisi del comportamento del consumatore è un campo multidimensionale e in continua evoluzione, che richiede un approccio olistico e l'adattamento a nuovi trend e tecnologie. La crescente consapevolezza dei consumatori su tematiche di sostenibilità, etica e inclusività sta ridefinendo i parametri di successo delle aziende e richiede strategie innovative e orientate al valore.

L'ascesa del digitale e l'omnipresenza dei social media hanno rafforzato il potere del consumatore, rendendo essenziale per le aziende essere trasparenti, reattive e focalizzate sul costruire relazioni durature. La capacità di sfruttare i Big Data e le tecnologie di intelligenza artificiale per anticipare le esigenze dei clienti e personalizzare l'offerta è diventata un fattore chiave di differenziazione e competitività. L'emotional branding, l'omnicanalità e l'eccellenza del servizio clienti sono elementi irrinunciabili per soddisfare le aspettative crescenti dei consumatori e costruire la loro lealtà. Inoltre, l'accoglienza e il rispetto delle diversità culturali, religiose e di genere sono fondamentali per operare in un mercato globale e eterogeneo.

In sintesi, l'analisi del comportamento del consumatore è un pilastro strategico che guida lo sviluppo di prodotti, servizi e campagne di marketing efficaci. Le aziende che riescono a interpretare e anticipare i bisogni e i desideri dei consumatori, rispondendo in modo etico e sostenibile, sono destinate a prosperare in un contesto di mercato sempre più complesso e dinamico. La profondità e la complessità di questo campo di studio offrono opportunità inesauribili di apprendimento e innovazione, definendo il futuro del business e del rapporto tra brand e consumatori.

13. Responsabilità Sociale d'Impresa (Sostenibilità, Etica, ecc.)

La Responsabilità Sociale d'Impresa (RSI), o Corporate Social Responsibility (CSR) in inglese, rappresenta un concetto chiave nella grande distribuzione moderna. Si tratta dell'assunzione di responsabilità da parte delle imprese per l'impatto delle loro attività sull'ambiente, sulla società e sul benessere generale. Questa area si articola in diverse dimensioni, tra cui sostenibilità ambientale, etica aziendale, diritti dei lavoratori, inclusione e coinvolgimento della comunità.

La sostenibilità ambientale è al centro delle pratiche di RSI. Le aziende della grande distribuzione si impegnano a ridurre l'impatto ecologico attraverso l'ottimizzazione dei processi di produzione, l'utilizzo di materiali sostenibili e riciclabili, la gestione dei rifiuti, la riduzione delle emissioni di CO_2 e il risparmio energetico. Queste pratiche contribuiscono non solo a proteggere l'ambiente ma anche a costruire un'immagine positiva del brand e a soddisfare la crescente domanda dei consumatori di prodotti e servizi ecologicamente responsabili.

L'etica aziendale è un altro pilastro della RSI. Le imprese etiche operano con integrità, trasparenza e rispetto delle leggi e dei regolamenti. Promuovono condizioni di lavoro eque e sicure, lottano contro la discriminazione e il lavoro minorile e rispettano i diritti umani. La condotta etica si estende anche alla catena di approvvigionamento, con la selezione di fornitori che condividono valori e pratiche responsabili.

Il coinvolgimento della comunità è fondamentale per le imprese responsabili. Molte aziende della grande distribuzione sviluppano programmi di volontariato, donazioni, sponsorizzazioni e partenariati con enti no-profit per supportare cause sociali, educative e sanitarie. L'obiettivo è di contribuire al benessere delle comunità in cui operano e di costruire relazioni positive con i vari stakeholder.

L'inclusione sociale e la diversità sono temi sempre più rilevanti nella RSI. Le aziende si impegnano a creare ambienti di lavoro inclusivi e a promuovere la diversità in termini di genere, etnia, orientamento sessuale, disabilità e background culturale. Questo impegno si riflette anche nell'assortimento dei prodotti, nell'accessibilità dei punti vendita e nelle campagne pubblicitarie.

Infine, è importante sottolineare che la Responsabilità Sociale d'Impresa non è solo un dovere etico ma rappresenta anche un vantaggio competitivo. Le aziende che adottano pratiche responsabili tendono a godere di una maggiore fedeltà da parte dei consumatori, a ridurre i rischi reputazionali e legali e a attrarre talenti motivati da valori etici e sostenibili. In questo contesto, la RSI si configura come un investimento strategico nel futuro dell'impresa e della società nel suo insieme.

Nel contesto della Responsabilità Sociale d'Impresa (RSI), un elemento cruciale è la trasparenza nei rapporti con i consumatori e gli stakeholder. Le aziende devono comunicare apertamente le proprie iniziative e risultati in ambito sociale e ambientale. La creazione di report di sostenibilità e la certificazione da parte di enti terzi sono strumenti chiave per garantire autenticità e credibilità alle azioni intraprese.

Il coinvolgimento attivo dei dipendenti nelle pratiche di RSI è un altro elemento chiave. Formazione, sensibilizzazione e inclusione dei lavoratori nelle decisioni aziendali relative alla sostenibilità possono generare un ambiente di lavoro positivo, incrementare la produttività e favorire l'innovazione. Le aziende che mettono al centro il benessere dei propri dipendenti sono spesso quelle che riescono a fare la differenza nel panorama della Responsabilità Sociale d'Impresa.

Un altro aspetto rilevante della RSI riguarda il rapporto con i fornitori e la catena di approvvigionamento. Le imprese eticamente responsabili implementano politiche di acquisto sostenibile, privilegiando fornitori che rispettano standard elevati in termini di diritti umani, condizioni di lavoro e impatto ambientale. Inoltre, le pratiche di fair trade e l'adozione di certificazioni etiche e ambientali lungo la catena del valore contribuiscono a garantire prodotti e servizi responsabili.

La RSI si manifesta anche attraverso iniziative di eco-design, con l'obiettivo di ridurre l'impatto ambientale dei prodotti fin dalla fase di progettazione, considerando il ciclo di vita completo del prodotto, dall'estrazione delle materie prime alla fine della vita utile. Questo approccio promuove l'uso di materiali riciclati e riciclabili, la riduzione dei consumi energetici e la minimizzazione degli scarti.

Le politiche di gestione dei rifiuti e il riciclo sono componenti fondamentali della strategia di sostenibilità delle aziende. Implementare sistemi di raccolta differenziata, incentivare il riciclo e ridurre l'uso di materiali non biodegradabili sono azioni concrete per limitare l'impatto sul pianeta. Inoltre, nel campo della RSI, si è sviluppato un interesse crescente per le questioni di genere e per la promozione dell'uguaglianza. Le aziende stanno adottando politiche di parità di genere, garantendo pari opportunità, equità salariale e rappresentanza a tutti i livelli organizzativi.

La sensibilizzazione e l'educazione del consumatore rivestono un ruolo fondamentale nella promozione della sostenibilità. Le aziende, attraverso campagne informative e di marketing etico, possono influenzare le scelte dei consumatori, indirizzandoli verso prodotti e comportamenti più responsabili e consapevoli. Infine, nell'era digitale, la tecnologia e i social media giocano un ruolo cruciale nella diffusione delle pratiche di RSI. La presenza online consente alle aziende di raggiungere un pubblico più ampio e di coinvolgere attivamente i consumatori nelle iniziative di sostenibilità, creando una community di individui impegnati e sensibili ai temi della responsabilità sociale ed ambientale.

Nel discorso sulla Responsabilità Sociale d'Impresa, un fattore di notevole importanza è l'investimento in progetti di sviluppo comunitario e sociale. Molte aziende infatti destinano una parte dei loro profitti a progetti che riguardano l'istruzione, la salute, e il benessere delle comunità locali, cercando così di contribuire allo sviluppo sostenibile delle aree in cui operano.

La collaborazione con Organizzazioni Non Governative (ONG) e enti senza scopo di lucro è un altro metodo attraverso il quale le aziende cercano di massimizzare il loro impatto positivo. Queste partnership possono portare alla creazione di progetti congiunti e iniziative che hanno l'obiettivo di risolvere problematiche sociali, ambientali e di sviluppo.

Inoltre, la governance aziendale etica è un pilastro della RSI. Aziende responsabili adottano modelli di governance trasparenti e inclusivi, che prevedono la partecipazione di diverse parti interessate nel processo decisionale. Questo aiuta a prevenire comportamenti non etici e a promuovere la fiducia tra azienda, dipendenti, clienti e investitori.

L'innovazione sostenibile è un'altra dimensione rilevante della RSI. Le aziende sono chiamate a investire in ricerca e sviluppo per creare prodotti e servizi innovativi che riducano l'impatto ambientale e migliorino la qualità della vita delle persone. L'innovazione può manifestarsi in diversi modi, dall'introduzione di tecnologie pulite all'implementazione di nuovi modelli di business circolari.

Nel contesto della crisi climatica, l'impegno delle aziende nella riduzione delle emissioni di gas serra è diventato un aspetto centrale della RSI. Molti imprenditori stanno adottando misure per ridurre l'impronta carbonica delle loro attività, attraverso l'utilizzo di energie rinnovabili, l'efficienza energetica e la compensazione delle emissioni.

La promozione della diversità e dell'inclusione in azienda è un altro punto focale della RSI. Creare un ambiente di lavoro inclusivo, che valorizza le differenze e offre pari opportunità, è essenziale per attrarre e trattenere talenti e per migliorare la performance aziendale.

Le questioni di salute e sicurezza sul lavoro sono intrinsecamente legate alla RSI. Garantire un ambiente di lavoro sicuro, rispettoso della salute e del benessere dei dipendenti, è non solo un obbligo legale, ma anche un imperativo etico che riflette l'impegno dell'azienda nella tutela dei diritti umani.

In aggiunta, l'attenzione al benessere animale è diventata una componente importante della RSI per le aziende del settore alimentare e cosmetico. L'adozione di pratiche etiche nella gestione degli animali e la scelta di non testare i prodotti sugli animali sono aspetti che i consumatori valutano sempre di più nelle loro decisioni d'acquisto.

Un altro aspetto rilevante è la gestione dei rischi ambientali e sociali. Le aziende responsabili implementano sistemi di gestione del rischio che prendono in considerazione gli impatti sociali e ambientali delle loro attività, al fine di prevenire e mitigare gli effetti negativi sulla società e sull'ambiente.

Infine, è fondamentale sottolineare l'importanza del coinvolgimento dei clienti nella RSI.

Ascoltare le esigenze e le aspettative dei clienti, e coinvolgerli in iniziative di sostenibilità, può rafforzare la relazione tra azienda e consumatore, aumentando la lealtà del cliente e il valore del marchio.

La Responsabilità Sociale d'Impresa (RSI) si estende anche alla gestione etica delle risorse umane, con le aziende che adottano pratiche di assunzione e gestione del personale etiche e

trasparenti, promuovendo la formazione
continua e lo sviluppo professionale dei
dipendenti.

Una dimensione sempre più rilevante della RSI è
la trasparenza nelle operazioni commerciali e
finanziarie. Questo implica la redazione di bilanci
e report aziendali che riflettano in modo accurato
e onesto la realtà finanziaria e operativa
dell'azienda, contribuendo a costruire fiducia tra
gli stakeholder e a prevenire frodi e
malversazioni.

La tracciabilità della supply chain è un altro
elemento chiave della RSI. Le aziende
responsabili lavorano attivamente per garantire
che i loro fornitori rispettino standard elevati in
termini di diritti umani, condizioni di lavoro e
impatto ambientale. Questo coinvolge
l'implementazione di sistemi di monitoraggio e
certificazione lungo tutta la catena di
approvvigionamento.

L'impegno nella lotta contro la corruzione è
fondamentale. Le aziende devono adottare
politiche rigorose e sistemi di controllo interno
per prevenire, identificare e contrastare la
corruzione sotto tutte le sue forme, sia a livello
interno che esterno all'azienda.

Le aziende sono anche chiamate a partecipare
attivamente al dialogo con i policymaker e gli enti
regolatori per contribuire allo sviluppo di

normative e politiche che favoriscano la sostenibilità e la responsabilità sociale, dimostrando così un impegno proattivo nella costruzione di un quadro normativo equo e sostenibile.

Inoltre, la creazione di un ambiente di lavoro positivo e stimolante è un aspetto cruciale della RSI. Le aziende possono attuare diverse strategie, come l'introduzione di programmi di welfare aziendale, la promozione dell'equilibrio tra vita lavorativa e vita privata e la creazione di spazi di lavoro inclusivi e accoglienti.

Il dialogo e l'engagement con gli stakeholder sono fondamentali per identificare e affrontare le aspettative e le preoccupazioni di tutti coloro che sono interessati dall'attività dell'azienda. Questo coinvolgimento può portare a decisioni più informate e sostenibili e può contribuire a costruire relazioni di fiducia e collaborazione a lungo termine.

L'educazione ambientale e la sensibilizzazione sono inoltre strumenti importanti per la RSI. Le aziende possono svolgere un ruolo chiave nell'educare i consumatori e gli stakeholder sui temi della sostenibilità, promuovendo comportamenti responsabili e consapevoli.

Infine, la gestione responsabile dei rifiuti e l'economia circolare sono temi sempre più centrali. Le aziende sono chiamate a ridurre la produzione di rifiuti, a promuovere il riciclo e il riutilizzo dei materiali e a implementare modelli di business che valorizzino le risorse e riducano l'impatto ambientale.

In tutto questo, è essenziale che le aziende comunicano in modo efficace e trasparente i loro sforzi e risultati in termini di RSI, utilizzando diverse piattaforme e canali di comunicazione per raggiungere un pubblico ampio e diversificato.

Concludendo, la Responsabilità Sociale d'Impresa (RSI) è un concetto multidimensionale che richiede un impegno profondo e continuo da parte delle aziende in molteplici aree. Dalla sostenibilità ambientale alla gestione etica delle risorse umane, dalla trasparenza finanziaria alla lotta contro la corruzione, ogni aspetto della RSI contribuisce a costruire un'azienda che opera nel rispetto della società e dell'ambiente in cui si inserisce.

La tracciabilità della supply chain e la selezione etica dei fornitori sono fondamentali per assicurare che l'impegno della società sia coerente lungo tutta la catena di valore. Questo non solo mitiga i rischi associati a pratiche irresponsabili, ma contribuisce anche a costruire un brand solido e rispettabile, rafforzando la fiducia degli stakeholder.

Il coinvolgimento attivo nel dialogo con policymaker e enti regolatori è altresì cruciale. Contribuire allo sviluppo di normative che promuovono la sostenibilità e l'equità sociale significa svolgere

14. Gestione delle Risorse Umane

La gestione delle risorse umane è una componente cruciale nel campo della grande distribuzione moderna. È il pilastro che sostiene l'efficienza operativa, la soddisfazione dei dipendenti e, di conseguenza, la customer satisfaction. Essa include diverse sottocategorie e pratiche, tra cui la selezione del personale, la formazione e lo sviluppo, la gestione delle prestazioni, la retribuzione e i benefici, e il mantenimento di un ambiente di lavoro positivo e inclusivo.

1. **Selezione del Personale:** La selezione accurata del personale è fondamentale. La grande distribuzione richiede una varietà di competenze, dalla gestione della catena di approvvigionamento alla vendita al dettaglio. Attrarre e selezionare individui con le

competenze e l'atteggiamento giusto è essenziale per il successo dell'azienda.

2. **Formazione e Sviluppo:** Investire nella formazione e nello sviluppo dei dipendenti è fondamentale. Ciò non solo migliora le competenze del personale, ma contribuisce anche a incrementare la produttività, la qualità del servizio e l'innovazione all'interno dell'azienda.

3. **Gestione delle Prestazioni:** Monitorare e valutare le prestazioni dei dipendenti è essenziale per assicurare che gli standard di qualità siano mantenuti e per individuare aree di miglioramento. La definizione di obiettivi chiari e realistici, unita a un feedback costruttivo, contribuisce a motivare il personale.

4. **Retribuzione e Benefici:** Offrire una retribuzione competitiva e benefici attrattivi è fondamentale per attirare e trattenere i migliori talenti. Ciò include non solo lo stipendio, ma anche eventuali bonus, assicurazioni, programmi di benessere e altri incentivi.

5. **Ambiente di Lavoro Positivo e Inclusivo:** Creare un ambiente di lavoro che promuova la diversità, l'inclusione e il rispetto è essenziale. Un clima lavorativo positivo contribuisce al benessere dei dipendenti, riduce il turnover e aumenta la produttività.

6. **Sicurezza sul Lavoro:** Garantire la sicurezza sul lavoro è una priorità assoluta. Implementare

e mantenere standard elevati in termini di salute e sicurezza riduce il rischio di infortuni e assenze, migliorando la soddisfazione dei lavoratori e la reputazione dell'azienda.

7. **Comunicazione e Coinvolgimento:** La comunicazione efficace e il coinvolgimento dei dipendenti sono centrali nella gestione delle risorse umane. Mantenere i dipendenti informati e coinvolti nelle decisioni aziendali aumenta il senso di appartenenza e la motivazione.

8. **Normative e Compliance:** Rispettare le normative locali, nazionali e internazionali relative ai diritti dei lavoratori è fondamentale. La compliance aiuta a prevenire contenziosi, multe e danni alla reputazione dell'azienda. In conclusione, una gestione efficace delle risorse umane è essenziale per il successo e la sostenibilità delle imprese della grande distribuzione. Attraverso pratiche etiche e innovative, è possibile creare un ambiente lavorativo che valorizzi e supporti i dipendenti, contribuendo così al successo a lungo termine dell'azienda.

La gestione delle risorse umane in grande distribuzione può anche essere influenzata dall'adozione di tecnologie innovative, come software avanzato di gestione delle risorse umane, che permette una migliore pianificazione delle risorse, analisi delle prestazioni e gestione dei talenti. L'implementazione di tali strumenti tecnologici può contribuire significativamente all'efficienza operativa e alla realizzazione degli obiettivi aziendali.

Inoltre, la gestione delle risorse umane deve adattarsi alle sfide emergenti e in continua evoluzione del mercato. Ad esempio, la crescente enfasi sull'equilibrio tra vita lavorativa e vita privata, il benessere dei dipendenti e la sostenibilità ambientale sono diventati fattori cruciali che le aziende devono considerare nella gestione del personale. In questo contesto, le politiche di flessibilità, come il lavoro da casa o gli orari flessibili, sono sempre più importanti per soddisfare le esigenze e le aspettative dei dipendenti.

Inoltre, la crescente diversità delle forze lavoro richiede una gestione inclusiva e multiculturale. Le aziende devono implementare politiche anti-discriminazione, promuovere la diversità e garantire che tutti i dipendenti abbiano pari opportunità di crescita e sviluppo. La formazione sulla diversità e sull'inclusione può aiutare a costruire una cultura aziendale che accoglie e valorizza le differenze.

La gestione del cambiamento è un'altra area che richiede attenzione nell'ambito della gestione delle risorse umane. Le aziende del settore della grande distribuzione devono essere pronte ad adattarsi rapidamente ai cambiamenti del mercato, ai nuovi modelli di business e alle innovazioni tecnologiche. Questo implica lo sviluppo di competenze e capacità di adattamento tra i dipendenti e la creazione di una cultura aziendale che incoraggi l'innovazione e l'apprendimento continuo.

La gestione delle carriere e la pianificazione della successione sono anch'esse elementi chiave della gestione delle risorse umane in grande distribuzione. Offrire percorsi di carriera chiari e opportunità di sviluppo aiuta a trattenere i talenti all'interno dell'organizzazione e assicura la continuità aziendale nel lungo termine. La pianificazione della successione è particolarmente importante per i ruoli chiave, dove l'esperienza e le competenze sono cruciali per il successo aziendale.

La motivazione dei dipendenti è un altro aspetto fondamentale. Le strategie di incentivazione, come i bonus di performance, i riconoscimenti e gli incentivi non monetari, possono giocare un ruolo significativo nel mantenere alta la morale e l'impegno dei dipendenti.

Infine, l'ascolto attivo e il feedback costante sono strumenti essenziali per comprendere le esigenze, le aspettative e le preoccupazioni dei dipendenti. Attraverso sondaggi sulla soddisfazione dei dipendenti, sessioni di ascolto e canali di feedback aperti, le aziende possono raccogliere preziose informazioni e agire di conseguenza per migliorare l'ambiente di lavoro e la gestione delle risorse umane.

Nel contesto della grande distribuzione, è essenziale anche affrontare la questione della formazione e dello sviluppo del personale. Le aziende stanno investendo sempre più in programmi di formazione che permettono ai dipendenti di acquisire nuove competenze, mantenersi aggiornati sulle ultime tendenze del settore e adattarsi ai cambiamenti del mercato. La formazione continua è particolarmente importante in un settore in cui l'innovazione tecnologica e le aspettative dei consumatori sono in continua evoluzione, richiedendo una costante adattabilità e aggiornamento delle competenze. Un ulteriore elemento cruciale nella gestione delle risorse umane è la salute e la sicurezza sul lavoro. Le aziende devono assicurarsi che i dipendenti operino in un ambiente sicuro e sano, minimizzando i rischi di infortuni e malattie professionali. Questo implica non solo il rispetto delle normative in materia di salute e sicurezza, ma anche l'investimento in formazione sulla sicurezza, attrezzature di protezione individuale e miglioramenti continui delle condizioni di lavoro.

La gestione delle risorse umane in grande distribuzione implica anche la necessità di affrontare i picchi stagionali e le variazioni della domanda, che possono richiedere una pianificazione del personale flessibile e scalabile. La gestione efficace delle risorse temporanee, dei contratti a termine e del lavoro straordinario è essenziale per garantire che l'azienda sia in grado di soddisfare le esigenze dei clienti in modo efficiente, mantenendo al contempo il benessere dei dipendenti.

L'engagement dei dipendenti è un altro aspetto centrale, poiché i dipendenti motivati e impegnati sono più produttivi e contribuiscono a creare un ambiente di lavoro positivo. Iniziative come team building, eventi aziendali e programmi di riconoscimento possono aiutare a rafforzare il senso di appartenenza e a migliorare la soddisfazione e la ritenzione del personale.

Un altro fattore determinante è la gestione dei conflitti interni. La grande distribuzione è un settore caratterizzato da una grande varietà di ruoli e responsabilità, il che può portare a tensioni e disaccordi tra i dipendenti. È quindi essenziale che le aziende dispongano di politiche e procedure efficaci per la risoluzione dei conflitti, promuovendo un ambiente di lavoro armonioso e cooperativo.

La comunicazione interna è un elemento chiave per garantire che tutti i dipendenti siano informati e coinvolti nelle decisioni aziendali. Un sistema di comunicazione efficace contribuisce a creare un senso di unità e appartenenza, migliora la trasparenza e aiuta a prevenire malintesi e frustrazioni.

Infine, la gestione delle prestazioni è un elemento fondamentale della gestione delle risorse umane. Attraverso valutazioni regolari, feedback costruttivo e obiettivi chiari e misurabili, le aziende possono aiutare i dipendenti a migliorare le loro prestazioni, identificare le aree di sviluppo e promuovere la crescita professionale. Inoltre, l'uso di metriche e KPI (Key Performance Indicators) può contribuire a monitorare e valutare l'efficacia delle politiche di gestione delle risorse umane e a identificare le aree di miglioramento.

L'aspetto della diversità e inclusività è inoltre un elemento cardine nella gestione delle risorse umane nella grande distribuzione. Le aziende progressiste stanno implementando politiche di inclusione che mirano a creare un ambiente di lavoro accogliente e supportivo per tutti, indipendentemente da genere, etnia,

orientamento sessuale, età o disabilità.
Promuovere la diversità non solo è eticamente giusto, ma può anche portare a una maggiore innovazione e a una migliore comprensione dei diversi segmenti di clientela.

In aggiunta, la questione del benessere dei dipendenti è diventata sempre più centrale. Programmi di welfare aziendale, servizi di supporto psicologico, e iniziative volte a bilanciare vita lavorativa e vita privata sono diventati elementi fondamentali della strategia di gestione delle risorse umane. Questi servizi contribuiscono a ridurre lo stress, aumentare la soddisfazione lavorativa e, di conseguenza, ridurre il turnover dei dipendenti.

Un altro aspetto cruciale è la questione della remunerazione e dei benefit. La strutturazione di pacchetti retributivi competitivi, che includono non solo lo stipendio base ma anche bonus, incentivi, benefit non monetari e opportunità di crescita professionale, è fondamentale per attrarre e trattenere talenti nel settore della grande distribuzione. Una politica retributiva equa e trasparente contribuisce inoltre a creare un clima di equità e soddisfazione tra i dipendenti.

L'adozione di tecnologie avanzate nella gestione delle risorse umane sta inoltre trasformando il modo in cui le aziende interagiscono con i propri dipendenti. Sistemi di Human Resource Management (HRM) basati su cloud, piattaforme di e-learning, soluzioni di recruiting digitale e strumenti di analisi dei dati stanno diventando strumenti indispensabili per la gestione efficace del personale. Queste tecnologie permettono di semplificare e ottimizzare i processi HR, migliorare la comunicazione e l'engagement dei dipendenti e supportare la presa di decisioni basata sui dati.

La sostenibilità del lavoro, in termini di orari, carico di lavoro e condizioni, è un altro tema sempre più rilevante. La ricerca di un equilibrio tra le esigenze dell'azienda e i diritti dei lavoratori è una sfida costante. L'introduzione di modelli di lavoro flessibili, telelavoro e iniziative per la salute dei dipendenti sono esempi di come le aziende stanno cercando di rendere il lavoro più sostenibile e adattarlo alle esigenze individuali.

Infine, la gestione delle carriere e la pianificazione della successione sono elementi chiave per garantire la continuità aziendale e lo sviluppo dei talenti. Identificare e formare i futuri leader, gestire la mobilità interna e offrire percorsi di carriera chiari e motivanti sono strategie fondamentali per assicurare la crescita e il successo a lungo termine dell'azienda.

Nell'ambito della gestione delle risorse umane, la formazione continua è un elemento indispensabile. Le aziende di grande distribuzione investono significativamente in programmi di formazione e sviluppo per migliorare le competenze dei loro dipendenti. Ciò può riguardare sia abilità tecniche che competenze trasversali, come la leadership, la comunicazione e la gestione del tempo. L'obiettivo è di preparare i dipendenti a gestire le sfide del mercato in continua evoluzione e adattarsi alle esigenze dei consumatori in cambiamento.

Allo stesso modo, il coinvolgimento dei dipendenti è fondamentale. Le aziende che riescono a instaurare un ambiente di lavoro positivo e motivante sono più propense a mantenere alti livelli di produttività e bassi tassi di turnover. La creazione di un ambiente che valorizza le opinioni dei dipendenti e li coinvolge nei processi decisionali contribuisce a migliorare il morale e l'investimento emotivo nel successo dell'azienda.

Inoltre, la gestione delle risorse umane nella grande distribuzione deve affrontare la sfida della gestione del personale stagionale. Durante i picchi di domanda, come le festività o le vendite stagionali, è necessario assumere personale aggiuntivo e garantire che siano adeguatamente formati e integrati. Questo richiede una pianificazione attenta e una gestione efficiente delle risorse per evitare carenze di personale o costi aggiuntivi.

La valutazione delle prestazioni e il feedback costruttivo sono altri aspetti cruciali. Un sistema di valutazione efficace aiuta i dipendenti a comprendere le aspettative dell'azienda, a ricevere riconoscimenti per le loro realizzazioni e a identificare aree di miglioramento. Il feedback regolare e costruttivo è fondamentale per lo sviluppo professionale e la soddisfazione dei dipendenti.

La conciliazione tra vita professionale e vita privata è un'altra area di focus. Le aziende di grande distribuzione stanno cercando soluzioni innovative per offrire orari di lavoro flessibili, opzioni di lavoro da casa e supporto per la gestione delle responsabilità familiari. L'obiettivo è di creare un ambiente di lavoro equilibrato che promuova la salute e il benessere dei dipendenti. Infine, l'attenzione alla legislazione del lavoro e alla conformità normativa è essenziale. Le aziende devono essere aggiornate su tutte le leggi e i regolamenti relativi al lavoro, come i diritti dei lavoratori, la sicurezza sul lavoro e la parità di retribuzione. La conformità a queste normative è non solo obbligatoria ma contribuisce anche a costruire una reputazione positiva e a prevenire possibili sanzioni e controversie legali.

La gestione delle risorse umane nella grande distribuzione è un complesso mosaico di processi, politiche e pratiche, tutte interconnesse e interdipendenti. Questo settore, particolarmente dinamico e sfidante, richiede una cura attenta e mirata del suo capitale umano, dato che la soddisfazione, l'efficienza e la produttività dei dipendenti si riflettono direttamente sulla performance complessiva dell'azienda e sull'esperienza del cliente.
La formazione continua emerge come una delle colonne portanti di questa gestione, essendo cruciale non solo per equipaggiare il personale con le competenze necessarie ma anche per assicurare che l'azienda mantenga un vantaggio competitivo in un mercato in continua evoluzione. La formazione non è solo un investimento sul presente, ma rappresenta una scommessa sul futuro dell'azienda, assicurando che essa sia sempre pronta a rispondere alle nuove sfide e opportunità.
Parallelamente, il coinvolgimento dei dipendenti e la creazione di un ambiente lavorativo positivo non sono solo aspirazioni etiche, ma necessità strategiche. Un dipendente motivato e coinvolto è spesso sinonimo di un dipendente produttivo e

fedele, riducendo i costi associati al turnover e migliorando la qualità del servizio al cliente.

La sfida della gestione del personale stagionale, la valutazione delle prestazioni, la conciliazione tra vita professionale e vita privata, e la conformità normativa sono tutti ingranaggi di una macchina ben oliata che l'azienda deve saper gestire in maniera efficace e oculata. La non osservanza o la gestione inadeguata di uno di questi aspetti può portare a inefficienze, problemi legali o danni alla reputazione, con ripercussioni potenzialmente gravi per l'impresa.

In conclusione, la gestione delle risorse umane nel settore della grande distribuzione non è una mera esecuzione di compiti amministrativi, ma una funzione strategica che richiede visione, lungimiranza e capacità di adattamento. La sua efficacia determina in larga misura il successo dell'azienda, poiché le persone, con le loro competenze, energie e passioni, sono il vero motore di ogni attività commerciale. Assicurarsi che siano ben gestite, motivate e soddisfatte non è solo un dovere etico, ma una scelta strategica vincente.

15. Relazioni con i Fornitori

Le relazioni con i fornitori rappresentano un aspetto fondamentale nella catena del valore della grande distribuzione. In un mercato sempre più competitivo e globalizzato, gestire efficacemente tali relazioni è essenziale per assicurare la qualità dei prodotti, l'efficienza operativa e la sostenibilità dei costi. Le strategie e le pratiche adottate in questo ambito possono avere un impatto significativo sul successo dell'impresa.

Una delle principali sfide nella gestione delle relazioni con i fornitori è la selezione dei partner giusti. È cruciale identificare fornitori che non solo offrano prodotti di alta qualità a prezzi competitivi, ma che condividano anche i valori e gli obiettivi dell'azienda. Inoltre, è fondamentale verificare la solidità finanziaria, l'affidabilità e la reputazione dei fornitori per minimizzare i rischi associati a ritardi, mancate consegne o problemi di qualità.

La negoziazione dei contratti rappresenta un altro elemento chiave nelle relazioni con i fornitori. Le condizioni contrattuali, quali i prezzi, i termini di pagamento, i livelli di servizio e le clausole penali, devono essere definite con attenzione per bilanciare le esigenze dell'azienda e del fornitore, garantendo allo stesso tempo flessibilità e adattabilità ai cambiamenti del mercato.

Un altro aspetto rilevante è la gestione delle performance dei fornitori. È essenziale monitorare costantemente la qualità dei prodotti, i tempi di consegna e il livello di servizio per identificare eventuali problematiche e intervenire tempestivamente. L'implementazione di sistemi di valutazione e feedback può contribuire a migliorare la trasparenza e la comunicazione tra le parti, favorendo la creazione di relazioni solide e di lungo termine.

Inoltre, la sostenibilità e l'etica giocano un ruolo sempre più importante nelle relazioni con i fornitori. Le aziende sono sempre più attente a selezionare partner che adottino pratiche responsabili dal punto di vista ambientale, sociale e lavorativo. La promozione di pratiche sostenibili nella catena di approvvigionamento può non solo migliorare l'immagine e la reputazione dell'azienda, ma anche ridurre i rischi associati a violazioni normative o scandali.

Infine, l'innovazione tecnologica e la digitalizzazione stanno trasformando la gestione delle relazioni con i fornitori. L'adozione di piattaforme digitali, blockchain e soluzioni di big data può migliorare l'efficienza, la trasparenza e la tracciabilità delle transazioni, favorendo la collaborazione e la condivisione di informazioni tra azienda e fornitori.

In sintesi, le relazioni con i fornitori sono un elemento cruciale per la grande distribuzione, richiedendo una gestione attenta e strategica. La selezione dei partner giusti, la negoziazione efficace dei contratti, il monitoraggio delle performance, l'attenzione alla sostenibilità e l'adozione di tecnologie innovative sono tutti fattori che contribuiscono a costruire relazioni di successo, capaci di generare valore per l'azienda e per l'intera catena del valore.

Nel contesto delle relazioni con i fornitori, un approccio proattivo alla gestione dei rapporti è essenziale. L'instaurazione di una comunicazione aperta e regolare può contribuire a prevenire incomprensioni e a risolvere rapidamente eventuali controversie. Seminari, incontri e workshop possono essere strumenti utili per rafforzare la comprensione reciproca e per condividere le migliori pratiche, favorendo così la creazione di un rapporto di partnership piuttosto che una semplice transazione commerciale.

Altra questione importante è la gestione dei rischi. Le imprese devono adottare approcci e strumenti per identificare, valutare e mitigare i rischi associati ai fornitori, come ad esempio la dipendenza da un singolo fornitore, la volatilità dei prezzi delle materie prime, i rischi geopolitici e i rischi legati al cambiamento climatico. Una gestione efficace dei rischi può contribuire a ridurre l'incertezza e a garantire la continuità delle operazioni.

Il concetto di value co-creation è altresì rilevante nel contesto delle relazioni con i fornitori. Questo approccio implica una collaborazione stretta tra azienda e fornitori per identificare e sfruttare le opportunità di creare valore aggiunto per entrambe le parti. Attraverso la co-creazione del valore, le aziende e i fornitori possono sviluppare soluzioni innovative, migliorare l'efficienza e la qualità, e rispondere in modo più efficace alle esigenze del mercato e dei consumatori.

Un ulteriore aspetto da considerare è l'importanza della formazione e dello sviluppo delle competenze sia per l'azienda che per i fornitori. Investire in programmi di formazione e sviluppo può contribuire a migliorare le competenze e le capacità delle risorse umane, favorendo l'innovazione e l'efficienza operativa. Inoltre, la formazione può essere uno strumento chiave per promuovere la cultura della sostenibilità e della responsabilità sociale all'interno della catena di approvvigionamento. Inoltre, l'adozione di strumenti e pratiche di Lean Management può contribuire a ottimizzare i processi e a ridurre gli sprechi, favorendo una maggiore efficienza e competitività.

L'implementazione di principi Lean può influenzare positivamente non solo la produzione, ma anche la logistica, la qualità, il servizio al cliente e altri aspetti dell'operatività aziendale.

Infine, la flessibilità e l'adattabilità sono competenze fondamentali per gestire efficacemente le relazioni con i fornitori in un ambiente di business in continua evoluzione. La capacità di adattarsi rapidamente ai cambiamenti del mercato, alle nuove tendenze dei consumatori e alle sfide competitive può fare la differenza tra il successo e l'insuccesso. In questo contesto, l'agilità organizzativa e la cultura dell'apprendimento continuo sono fattori chiave. In sintesi, la gestione delle relazioni con i fornitori nella grande distribuzione richiede un approccio olistico che tenga conto di diversi fattori quali la comunicazione, la gestione dei rischi, la co-creazione del valore, la formazione, l'adozione di pratiche Lean e la flessibilità organizzativa. Solo attraverso un'attenta considerazione di tutti questi elementi, le aziende possono sperare di costruire relazioni durature e fruttuose con i loro fornitori.

Inoltre, è cruciale per le aziende della grande distribuzione esaminare e valutare costantemente la performance dei fornitori. Implementare un sistema efficace di valutazione delle prestazioni può aiutare a identificare aree di miglioramento, incentivare i fornitori a elevare i loro standard e garantire che le aspettative dell'azienda siano soddisfatte. Questo processo potrebbe includere l'analisi di vari indicatori chiave di prestazione (KPI), come la puntualità delle consegne, la qualità dei prodotti, il livello di servizio al cliente e la capacità di rispondere alle richieste di modifica.

Anche la sostenibilità è una considerazione sempre più rilevante nelle relazioni con i fornitori. Le aziende sono spesso tenute a dimostrare il loro impegno verso pratiche sostenibili e responsabili, il che implica la scelta di fornitori che rispettino tali valori. Le certificazioni ambientali, i codici di condotta e i programmi di audit possono essere strumenti utili per verificare e garantire la conformità dei fornitori ai principi di sostenibilità.

L'importanza della tecnologia nella gestione delle relazioni con i fornitori non può essere sottovalutata. L'adozione di soluzioni tecnologiche avanzate, come sistemi di pianificazione delle risorse aziendali (ERP), piattaforme di e-procurement e soluzioni basate su blockchain, può semplificare e ottimizzare il processo di gestione dei fornitori. Queste tecnologie possono migliorare la trasparenza, l'efficienza e l'accuratezza delle transazioni, ridurre i tempi di attesa e migliorare la collaborazione tra aziende e fornitori.

Negli scenari di globalizzazione, la diversificazione dei fornitori è un'ulteriore strategia che può essere impiegata per ridurre la dipendenza da un singolo fornitore e mitigare i rischi associati a interruzioni della catena di approvvigionamento. Avere una varietà di fornitori in diverse regioni geografiche può aiutare le aziende a navigare meglio in situazioni di crisi, come interruzioni logistiche, fluttuazioni dei tassi di cambio e instabilità politica.

Inoltre, la capacità di negoziare termini e condizioni favorevoli è un aspetto essenziale della gestione dei fornitori. Le aziende devono essere in grado di negoziare prezzi, termini di pagamento, condizioni di consegna e altri fattori chiave in modo da garantire la massima flessibilità e minimizzare i costi. La formazione del personale su tecniche di negoziazione efficaci e l'uso di strumenti di analisi dei costi possono essere di grande aiuto in questo contesto.

Un altro punto focale è la gestione dei contratti. Un contratto ben redatto, che dettaglia chiaramente le aspettative, le responsabilità e le implicazioni legali per entrambe le parti, è fondamentale per prevenire dispute future. La gestione dei contratti comprende non solo la redazione e la negoziazione, ma anche il monitoraggio della conformità e la gestione delle modifiche contrattuali.

Infine, la fiducia e l'integrità sono alla base di ogni relazione d'affari di successo. Costruire relazioni di fiducia con i fornitori può portare a una maggiore collaborazione, innovazione condivisa e soluzioni a problemi comuni. La fiducia si costruisce attraverso la coerenza, la comunicazione aperta, la risoluzione dei conflitti in modo equo e il rispetto reciproco degli impegni.

Continuando a esplorare l'argomento delle relazioni con i fornitori, è fondamentale sottolineare l'importanza del coinvolgimento e della collaborazione a lungo termine. Le aziende che ricercano un rapporto duraturo e reciprocamente vantaggioso con i fornitori possono favorire un ambiente di crescita e innovazione condivisa. Ciò può includere la condivisione di informazioni sui trend di mercato, i feedback dei consumatori e le strategie di sviluppo del prodotto, contribuendo a creare prodotti e servizi migliori e più competitivi.

La gestione dei rischi è un altro elemento cruciale nella gestione delle relazioni con i fornitori. Le aziende devono identificare, valutare e mitigare i potenziali rischi associati ai loro fornitori, che possono includere la stabilità finanziaria, i rischi operativi, i rischi di reputazione e i rischi legali. Implementare strumenti e processi di gestione del rischio, come la due diligence, le valutazioni di rischio e i piani di contingenza, può aiutare le aziende a proteggersi da eventi imprevisti e a garantire la continuità operativa.

Allo stesso modo, la flessibilità e l'adattabilità sono essenziali in un ambiente di business in continuo cambiamento. La capacità di adattarsi rapidamente alle variazioni della domanda del mercato, ai cambiamenti nelle materie prime e alle fluttuazioni dei costi può essere un fattore determinante per il successo. Le aziende e i fornitori devono lavorare insieme per sviluppare strategie e soluzioni che permettano loro di rispondere efficacemente a tali sfide, mantenendo al contempo la qualità e l'efficienza. Oltre a questo, l'importanza della formazione e dello sviluppo delle competenze non può essere trascurata. Fornire ai dipendenti le competenze e le conoscenze necessarie per gestire efficacemente le relazioni con i fornitori può portare a decisioni più informate, migliore negoziazione e una maggiore soddisfazione complessiva. La formazione può coprire aree come la comunicazione, la negoziazione, la risoluzione dei conflitti, l'analisi dei dati e la gestione dei progetti.

L'attenzione alle normative e agli standard di settore è altrettanto essenziale. La conformità alle leggi locali, nazionali e internazionali, nonché agli standard di qualità e sicurezza, è fondamentale per evitare sanzioni, danni alla reputazione e potenziali cause legali. Mantenere un dialogo aperto e proattivo con i fornitori riguardo alle aspettative in materia di conformità può contribuire a prevenire incomprensioni e a garantire che entrambe le parti siano allineate sugli obiettivi e sugli standard.

Infine, il coinvolgimento dei fornitori nella pianificazione e nell'innovazione strategica può portare a un vantaggio competitivo. Invitare i fornitori a partecipare alle sessioni di brainstorming, ai workshop e ai progetti di ricerca e sviluppo può stimolare nuove idee, soluzioni innovative e miglioramenti continui. Questo tipo di collaborazione può rafforzare la partnership e creare un senso di coinvolgimento e appartenenza, contribuendo al successo reciproco di aziende e fornitori.

La sostenibilità è un altro aspetto cruciale quando si parla di relazioni con i fornitori. Molte aziende stanno attualmente valutando l'impronta ecologica dei loro fornitori, prendendo in considerazione fattori come l'uso delle risorse, le emissioni di carbonio e le pratiche lavorative etiche. Instaurare collaborazioni con fornitori sostenibili non solo migliora l'immagine di un'azienda, ma contribuisce anche a ridurre i rischi ambientali e sociali lungo la catena di approvvigionamento. L'impegno per la sostenibilità può inoltre portare all'innovazione, alla creazione di prodotti ecocompatibili e a nuove opportunità di mercato.

L'importanza della trasparenza nelle relazioni con i fornitori è un altro elemento che merita attenzione. La trasparenza consente ad entrambe le parti di avere accesso a informazioni chiare e precise, riducendo così il rischio di malintesi e conflitti. È inoltre essenziale per costruire e mantenere la fiducia, elemento chiave in qualsiasi rapporto d'affari. Le aziende devono promuovere una comunicazione aperta e onesta, condividendo le aspettative, i feedback e le preoccupazioni in modo costruttivo.

La tecnologia gioca un ruolo sempre più centrale nella gestione delle relazioni con i fornitori. L'utilizzo di piattaforme digitali e strumenti tecnologici può migliorare l'efficienza, la precisione e la velocità delle transazioni. Ad esempio, i sistemi di pianificazione delle risorse aziendali (ERP) e le piattaforme di e-procurement possono semplificare il processo di acquisto, mentre le soluzioni di big data e analytics possono fornire intuizioni preziose sulle prestazioni dei fornitori e aiutare nell'identificazione delle aree di miglioramento.

La diversificazione dei fornitori è un'ulteriore strategia che le aziende possono adottare per mitigare i rischi associati all'approvvigionamento. Avere una varietà di fornitori garantisce che un'azienda non sia troppo dipendente da un singolo fornitore, riducendo così la vulnerabilità a interruzioni della catena di approvvigionamento, variazioni dei prezzi e altri problemi. La diversificazione può anche offrire accesso a una gamma più ampia di competenze, tecnologie e innovazioni. Allo stesso tempo, la misurazione delle prestazioni dei fornitori attraverso KPI (Key Performance Indicators) e valutazioni regolari è essenziale per garantire che i fornitori soddisfino gli standard richiesti. L'analisi delle prestazioni può rivelare aree in cui i fornitori possono migliorare, contribuendo alla crescita e allo sviluppo di entrambe le parti.

Infine, l'etica e la responsabilità sociale d'impresa non devono essere sottovalutate. Le aziende devono assicurarsi che i loro fornitori rispettino i diritti dei lavoratori, le normative ambientali e gli standard etici. Questo non solo migliora la reputazione dell'azienda, ma contribuisce anche a creare un ambiente di lavoro equo e sostenibile lungo l'intera catena di approvvigionamento.

In conclusione, gestire efficacemente le relazioni con i fornitori è cruciale per il successo di un'impresa retail. Questo richiede un approccio olistico che prenda in considerazione diversi fattori chiave come la negoziazione, la sostenibilità, la trasparenza, l'innovazione tecnologica, la diversificazione, la valutazione delle prestazioni e l'etica aziendale.
L'adozione di prassi sostenibili e etiche è indispensabile per costruire relazioni forti e durature con i fornitori. Questo non solo aiuta a proteggere l'ambiente e a garantire i diritti dei lavoratori, ma contribuisce anche a migliorare l'immagine dell'azienda e ad accedere a nuove opportunità di mercato. È pertanto essenziale per le aziende valutare l'impronta ecologica dei fornitori e promuovere attivamente pratiche di lavoro etiche.
La trasparenza e la comunicazione aperta sono altrettanto importanti. Forniscono una base solida per la fiducia e la cooperazione tra azienda e fornitori, riducendo i rischi di conflitti e

malintesi. Le aziende devono quindi promuovere la condivisione delle informazioni, delle aspettative e dei feedback in ogni fase del rapporto d'affari.

La tecnologia e l'innovazione svolgono un ruolo fondamentale nel migliorare l'efficienza e l'efficacia delle relazioni con i fornitori. L'adozione di strumenti digitali, piattaforme di e-procurement e soluzioni di analytics può significativamente ottimizzare i processi di acquisto e fornire preziose intuizioni sulle prestazioni dei fornitori.

La diversificazione dei fornitori e la valutazione regolare delle loro prestazioni attraverso KPI sono strategie essenziali per mitigare i rischi e garantire la qualità. Queste pratiche permettono alle aziende di non dipendere eccessivamente da un singolo fornitore e di identificare aree di miglioramento, contribuendo al reciproco sviluppo.

In sintesi, la gestione delle relazioni con i fornitori è un processo complesso che richiede un'attenzione costante a diversi aspetti. Le aziende che adottano un approccio etico, trasparente, tecnologicamente avanzato e strategico sono più propense a costruire relazioni durature con i fornitori, ottenendo vantaggi competitivi e contribuendo a un'economia più equa e sostenibile.

16. Normative e Regolamentazioni

La gestione delle normative e regolamentazioni è fondamentale nel settore retail, in quanto le imprese devono operare in conformità con una vasta gamma di leggi e regolamenti a livello locale, nazionale ed internazionale. Questi possono riguardare diverse aree come la sicurezza dei prodotti, la tutela dei consumatori, le pratiche commerciali etiche, l'ambiente, la salute e la sicurezza sul lavoro, la protezione dei dati, le etichette e molto altro.

Prima di tutto, è essenziale che le aziende retail siano consapevoli delle leggi e regolamenti applicabili alla loro attività. Questo richiede una ricerca approfondita e un monitoraggio continuo delle modifiche legislative, poiché la non conformità può risultare in sanzioni severe, danni alla reputazione e perdite finanziarie. Un'approfondita conoscenza della legislazione permette anche alle imprese di identificare opportunità per ottenere vantaggi competitivi, come ad esempio attraverso l'accesso a incentivi fiscali o finanziamenti per la sostenibilità.

Una volta identificate le normative pertinenti, le imprese devono implementare processi e procedure per assicurare la conformità. Questo può includere la formazione del personale, la creazione di manuali operativi, l'adozione di sistemi di gestione della qualità, l'implementazione di tecnologie per il monitoraggio e la tracciabilità dei prodotti, e la realizzazione di audit regolari.

Un altro aspetto cruciale è la gestione dei rapporti con le autorità di regolamentazione. Le imprese devono essere in grado di dialogare efficacemente con gli enti regolatori, di comprendere i requisiti normativi e di rispondere prontamente alle richieste di informazioni o ispezioni. Inoltre, una buona relazione con le autorità può facilitare l'accesso a informazioni e risorse utili, oltre che contribuire a costruire una reputazione positiva nel settore.

Infine, la trasparenza e la comunicazione sono fondamentali. Le imprese devono informare chiaramente i consumatori, i partner commerciali e altre parti interessate sui loro impegni e azioni per la conformità normativa. Questo contribuisce a costruire fiducia e credibilità, oltre che a mitigare i rischi di controversie legali e danni all'immagine aziendale.

In sintesi, la gestione delle normative e regolamentazioni nel settore retail è un compito complesso e in continua evoluzione, che richiede un impegno costante e una strategia ben definita. Le imprese che riescono ad adempiere efficacemente a tali responsabilità non solo evitano rischi e sanzioni, ma possono anche rafforzare la loro posizione sul mercato e creare valore a lungo termine.

Nel contesto delle normative e regolamentazioni, le imprese retail devono prestare particolare attenzione all'ambito della protezione dei dati. Con l'avvento del GDPR in Europa e di leggi simili in altre parti del mondo, la gestione dei dati dei clienti è diventata una questione cruciale. Le aziende devono assicurare che i dati personali siano raccolti, trattati, conservati e distrutti in conformità con la legge, e devono essere pronte a rispondere alle richieste dei titolari dei dati riguardanti l'accesso, la rettifica o la cancellazione delle loro informazioni.
Oltre a ciò, la sicurezza alimentare è un altro aspetto rilevante per i retailer, soprattutto per quelli che operano nel settore alimentare. Le normative in questo campo sono estremamente rigorose e richiedono che le aziende implementino rigorosi sistemi di controllo della qualità, tracciabilità della filiera produttiva, etichettatura accurata degli alimenti e gestione dei richiami di prodotti. La non conformità in questo settore può avere gravi conseguenze, non solo in termini di sanzioni, ma anche di salute pubblica e di reputazione aziendale.

Anche l'etichettatura dei prodotti è soggetta a normative specifiche, che variano a seconda della tipologia di prodotto e del paese di vendita. Le imprese devono assicurarsi che le etichette dei prodotti contengano tutte le informazioni richieste dalla legge, come ad esempio la composizione, le istruzioni per l'uso, le avvertenze di sicurezza, e le informazioni ambientali. L'etichettatura errata o fuorviante può portare a sanzioni e danneggiare la fiducia dei consumatori.

La sostenibilità ambientale è un altro ambito in cui le normative stanno diventando sempre più stringenti. Le imprese sono incoraggiate, se non obbligate, a adottare pratiche eco-sostenibili, a ridurre l'impatto ambientale delle loro operazioni e a promuovere il consumo responsabile. Questo include la gestione dei rifiuti, l'uso efficiente delle risorse, la riduzione delle emissioni di gas serra, e l'adozione di packaging ecosostenibile.

Per affrontare tutte queste sfide, molte imprese retail stanno investendo in tecnologie avanzate, come la blockchain, l'intelligenza artificiale e l'Internet delle Cose, che possono aiutare a monitorare e garantire la conformità normativa in modo più efficiente ed efficace. L'adozione di queste tecnologie può anche offrire vantaggi competitivi, migliorando l'efficienza operativa, la tracciabilità dei prodotti, la personalizzazione dell'offerta e la fidelizzazione dei clienti.

Inoltre, le imprese devono considerare anche le normative relative ai diritti dei lavoratori e alle condizioni di lavoro. È essenziale che i diritti dei dipendenti siano rispettati, che le condizioni di lavoro siano sicure e salubri, e che vengano adottate politiche eque e inclusive. La gestione etica delle risorse umane non solo è un obbligo legale, ma contribuisce anche a creare un ambiente di lavoro positivo, ad attrarre e trattenere talenti, e a migliorare l'immagine dell'azienda.

Infine, le questioni di proprietà intellettuale, come i marchi, i brevetti e i diritti d'autore, sono anch'esse di grande importanza nel settore retail. La protezione della proprietà intellettuale è essenziale per preservare l'identità e la competitività dell'azienda, mentre il rispetto dei diritti altrui è fondamentale per evitare controversie legali e danni reputazionali.

In sintesi, la gestione delle normative e regolamentazioni nel settore retail è un compito multidimensionale, che richiede un'attenta pianificazione, l'implementazione di sistemi e procedure adeguati, e la formazione continua del personale. La capacità di navigare efficacemente in questo intricato paesaggio normativo può fare la differenza tra il successo e l'insuccesso di un'impresa nel mercato retail competitivo di oggi.

Le aziende retail, nella gestione delle normative e regolamentazioni, devono inoltre prestare attenzione alle norme locali e internazionali che riguardano l'importazione e l'esportazione di merci. Queste norme possono riguardare le tariffe doganali, le restrizioni sull'importazione di certi prodotti, e le norme di sicurezza e qualità che le merci devono rispettare. La conoscenza e il rispetto di queste regole sono fondamentali per evitare ritardi, costi aggiuntivi e potenziali sanzioni legali.

Un altro aspetto importante riguarda la pubblicità e la promozione dei prodotti. Le leggi sulla pubblicità variano notevolmente da un paese all'altro, ma in generale vietano la pubblicità ingannevole o fuorviante e impongono l'indicazione di determinate informazioni sui prodotti pubblicizzati. Le aziende retail devono essere particolarmente attente nella creazione e diffusione di materiale pubblicitario, in modo da rispettare le normative e preservare la fiducia dei consumatori.

Inoltre, le norme sulla concorrenza sono un altro elemento cruciale nella gestione delle attività retail. Queste leggi sono progettate per promuovere la concorrenza e prevenire pratiche commerciali sleali o anticoncorrenziali. Le aziende devono essere consapevoli delle restrizioni in materia di fissazione dei prezzi, accordi esclusivi, e abusi di posizione dominante, e devono agire in modo proattivo per assicurare la conformità e prevenire possibili sanzioni. L'e-commerce, in crescita esponenziale, presenta ulteriori sfide in termini di conformità normativa. Le aziende retail online devono affrontare questioni relative alla protezione dei consumatori online, alle transazioni transfrontaliere, alla tassazione digitale, e alla sicurezza informatica. La gestione efficace di questi aspetti è essenziale per mantenere la fiducia dei clienti, minimizzare i rischi legali e operativi, e garantire la sostenibilità a lungo termine dell'attività online.

Un'altra considerazione cruciale è l'accessibilità. Molti paesi impongono norme specifiche per garantire che i negozi e i servizi retail siano accessibili a persone con disabilità. Ciò può includere l'adeguamento delle strutture fisiche, la fornitura di servizi di assistenza e l'adattamento dei siti web e delle app per garantire l'accessibilità digitale. Il rispetto di queste norme non è solo un obbligo legale, ma rappresenta anche un'opportunità per ampliare la base di clientela e migliorare l'immagine dell'azienda.

In aggiunta, la crescente attenzione verso i diritti umani e la responsabilità sociale d'impresa ha portato all'introduzione di normative che richiedono alle aziende di monitorare e rendere conto dell'impatto sociale e ambientale delle loro catene di approvvigionamento. Le aziende devono adottare misure per prevenire e mitigare i rischi di violazioni dei diritti umani, sfruttamento del lavoro e danni ambientali nelle loro operazioni e nelle loro catene di valore.
In sintesi, il panorama normativo nel settore retail è estremamente complesso e dinamico, richiedendo alle aziende una vigilanza continua e l'adattamento alle nuove sfide e opportunità. La conformità normativa non è solo una questione di rispetto della legge, ma è integrata nella strategia di business, nel management dei rischi e nella creazione di valore per l'azienda e per i suoi stakeholder.

La gestione delle normative e regolamentazioni nel settore retail rappresenta un aspetto cruciale che impatta ogni elemento dell'operatività aziendale. La complessità delle norme richiede un approccio proattivo e informato per navigare efficacemente tra le sfide e garantire la sostenibilità e la conformità dell'impresa.
Una componente essenziale in questo contesto è la formazione continua e l'aggiornamento del

personale aziendale in materia di legislazione e norme. La conoscenza delle leggi a livello locale, nazionale e internazionale è fondamentale per evitare possibili infrazioni e sanzioni. Inoltre, la formazione del personale contribuisce alla costruzione di una cultura aziendale basata sul rispetto delle regolamentazioni e sull'integrità, elemento chiave per costruire e mantenere la fiducia dei consumatori e degli stakeholder. Una strategia efficace per la gestione delle normative include anche l'implementazione di sistemi di monitoraggio e controllo interno. Questi sistemi aiutano a individuare tempestivamente eventuali rischi di non conformità e ad adottare misure correttive, minimizzando l'impatto negativo sull'azienda. In questo quadro, l'utilizzo di tecnologie avanzate e soluzioni digitali può significativamente migliorare l'efficacia dei processi di controllo e assicurare una maggiore trasparenza e responsabilità.

Oltre al rispetto delle normative, le aziende retail devono considerare l'impatto delle loro decisioni sulle comunità locali e sulla società in generale. La responsabilità sociale d'impresa e la sostenibilità ambientale sono diventate aspetti centrali nella valutazione delle performance aziendali. La conformità con le normative ambientali, sociali e di governance (ESG) può non solo mitigare i rischi, ma anche creare opportunità di differenziazione e vantaggio competitivo sul mercato.

Infine, la comunicazione e il dialogo continuo con le autorità regolatorie, le associazioni di settore e gli altri stakeholder sono essenziali per anticipare e comprendere i cambiamenti nel panorama normativo. La partecipazione attiva a discussioni, tavoli tecnici e iniziative di settore può facilitare l'adattamento dell'azienda alle nuove regolamentazioni e influenzare lo sviluppo di normative più equilibrate e sostenibili.

In conclusione, la gestione delle normative e regolamentazioni nel settore retail è un processo complesso e multifattoriale che richiede competenze specifiche, attenzione continua e una visione strategica. La capacità di un'azienda di navigare con successo in questo ambiente normativo dinamico determinerà in larga misura la sua resilienza, la sua reputazione e la sua capacità di creare valore nel lungo termine per gli azionisti, i clienti e la società nel suo insieme.

17. Internazionalizzazione e Globalizzazione

L'internazionalizzazione e la globalizzazione sono strategie essenziali per l'espansione delle aziende retail in mercati esteri. Attraverso questi processi, le imprese possono accedere a nuovi clienti, diversificare i rischi associati a specifici mercati e sfruttare le economie di scala. È fondamentale, tuttavia, affrontare diverse sfide e considerare vari aspetti per avere successo in questa impresa.

1. **Analisi di Mercato:** Le aziende devono condurre un'analisi approfondita dei mercati target. Questo include la comprensione delle preferenze dei consumatori, delle condizioni economiche, della concorrenza e delle normative locali. Un'analisi SWOT (Strengths, Weaknesses, Opportunities, Threats) può aiutare a valutare le opportunità e i rischi associati a specifici mercati internazionali.

2. **Adattamento Culturale:** La sensibilità e l'adattamento culturale sono cruciali per il successo internazionale. Le aziende devono personalizzare i loro prodotti, servizi e strategie di marketing per soddisfare le esigenze e le aspettative dei consumatori locali. La comprensione delle differenze culturali può anche aiutare a costruire relazioni positive con i

fornitori, i partner commerciali e i dipendenti locali.

3. **Strategie di Ingresso:** Esistono diverse modalità di ingresso nei mercati internazionali, come l'esportazione, le joint venture, le alleanze strategiche, le franchising e le sussidiarie di proprietà estera. La scelta della modalità di ingresso dipende da fattori come le risorse disponibili, il livello di controllo desiderato e il grado di rischio che l'azienda è disposta a assumere.

4. **Supply Chain e Logistica:** L'espansione internazionale richiede una gestione efficace della supply chain e della logistica. Le aziende devono considerare fattori come i costi di trasporto, le tariffe doganali, le normative sull'importazione/esportazione e la gestione delle scorte. L'adozione di tecnologie avanzate può aiutare a ottimizzare la logistica e a ridurre i costi.

5. **Normative e Conformità:** Le aziende devono navigare nel complesso quadro normativo dei mercati esteri. Ciò include il rispetto delle leggi locali, l'adattamento alle normative ambientali e lavorative e la gestione degli aspetti fiscali. La conformità normativa è essenziale per evitare sanzioni e proteggere la reputazione dell'azienda.

6. **Branding e Comunicazione:** Un brand forte e una comunicazione efficace sono essenziali per

costruire la fiducia e attrarre clienti in nuovi mercati. Le strategie di branding devono essere adattate alle caratteristiche culturali e ai comportamenti dei consumatori locali, mentre i canali di comunicazione devono essere selezionati in base alla loro penetrazione e rilevanza nel mercato target.

7. **Gestione del Personale:** L'internazionalizzazione richiede la gestione di team diversificati e la comprensione delle pratiche lavorative locali. La formazione interculturale, l'adattamento delle politiche delle risorse umane e la promozione di un ambiente di lavoro inclusivo sono essenziali per motivare i dipendenti e favorire la collaborazione.

8. **Sostenibilità e Responsabilità Sociale:** Le aziende devono dimostrare un impegno verso la sostenibilità e la responsabilità sociale, specialmente nei mercati esteri. Il rispetto delle normative ambientali, l'adozione di pratiche etiche e il coinvolgimento nelle comunità locali possono migliorare l'immagine dell'azienda e contribuire al suo successo a livello globale.

In sintesi, l'internazionalizzazione e la globalizzazione nel settore retail richiedono una pianificazione strategica, l'adattamento culturale e la gestione attenta di vari aspetti operativi. Le aziende che riescono a navigare con successo in questo contesto possono accedere a nuove opportunità di crescita, rafforzare la loro posizione competitiva e aumentare la loro resilienza di fronte alle sfide del mercato glob

Valutazione dei Rischi e delle Opportunità: Prima di internazionalizzarsi, le aziende retail devono effettuare una valutazione approfondita dei rischi e delle opportunità. Ciò include analizzare la stabilità politica, i tassi di cambio, i livelli di inflazione e la crescita economica nei mercati target. Le aziende devono essere pronte a adattarsi rapidamente alle condizioni di mercato in evoluzione e a mitigare i rischi attraverso strategie adeguate.

9. **Ricerca e Sviluppo:** Investire nella ricerca e sviluppo (R&S) può aiutare le aziende a innovare e adattare i loro prodotti e servizi alle esigenze specifiche dei consumatori internazionali. La R&S può portare a una maggiore differenziazione dei prodotti, offrendo un vantaggio competitivo nei mercati globali.

10. **Relazioni con le Parti Interessate:** La costruzione di relazioni solide con le parti interessate locali, compresi i clienti, i fornitori, i governi e i partner commerciali, è fondamentale. Un dialogo aperto e costruttivo può contribuire a creare un ambiente favorevole per gli affari e a risolvere eventuali conflitti in modo tempestivo.

11. **Sviluppo di Competenze Linguistiche:** La capacità di comunicare efficacemente in diverse lingue è un asset fondamentale per le aziende che operano a livello globale. La formazione linguistica dei dipendenti e l'assunzione di personale multilingue possono facilitare la comunicazione e migliorare la comprensione reciproca.

12. **Gestione Finanziaria:** L'internazionalizzazione comporta sfide finanziarie, come la gestione dei flussi di cassa in valute diverse, l'ottimizzazione della struttura del capitale e la mitigazione dei rischi finanziari. Le strategie finanziarie efficaci sono cruciali per sostenere la crescita internazionale e assicurare la stabilità finanziaria dell'azienda.

13. **Adattamento dei Canali di Distribuzione:** Le aziende devono adattare e ottimizzare i loro canali di distribuzione in base alle infrastrutture, alle normative e alle preferenze dei consumatori locali. La selezione di distributori affidabili e l'uso efficace dei canali online e offline possono migliorare la copertura del mercato e la soddisfazione del cliente.

14. **Digitalizzazione e Tecnologia:** L'adozione di tecnologie digitali può aiutare le aziende a ottimizzare le operazioni, a migliorare l'interazione con i clienti e a raccogliere dati preziosi. Le piattaforme di e-commerce, i sistemi

di gestione delle relazioni con i clienti (CRM) e le soluzioni di analisi dei dati sono strumenti essenziali per competere con successo a livello globale.

15. **Analisi dei Dati e Intelligenza di Mercato:** L'utilizzo efficace dell'analisi dei dati e dell'intelligenza di mercato può fornire preziosi insight sui trend di mercato, sul comportamento dei consumatori e sulla performance della concorrenza. Queste informazioni possono guidare l'azienda nella presa di decisioni strategiche e nell'adattamento delle offerte di prodotti e servizi.

16. **Strategie di Marketing Globale:** Sviluppare e implementare strategie di marketing che siano efficaci a livello globale è cruciale. Ciò può includere campagne pubblicitarie multicanale, eventi promozionali localizzati e strategie di content marketing adattate a diverse culture e gruppi demografici.

Questi punti evidenziano la complessità e la multidimensionalità del processo di internazionalizzazione e globalizzazione nel settore retail. Le aziende devono considerare una vasta gamma di fattori e adottare un approccio flessibile e proattivo per navigare con successo nei mercati internazionali.

18. **Strategie di Posizionamento:** Definire una strategia di posizionamento chiara è fondamentale per creare un'identità di marca forte e distintiva a livello internazionale. Questo include comprendere come la marca è percepita nei diversi mercati e adattare la comunicazione di marca in modo da risuonare con le culture locali.

19. **Normative e Conformità Locali:** Le aziende devono garantire la conformità alle normative locali, che possono variare notevolmente da un paese all'altro. Questo include le leggi sul lavoro, le norme commerciali, le regolamentazioni ambientali e i requisiti fiscali. La conoscenza e l'adesione a queste norme sono cruciali per evitare sanzioni legali e danni reputazionali.

20. **Collaborazioni e Partnership:** Stabilire collaborazioni e partnership con entità locali può essere una strategia efficace per accelerare l'espansione internazionale. Questo può includere joint venture, alleanze strategiche, franchising e accordi di licensing, che possono offrire accesso a risorse, competenze e reti di distribuzione locali.

21. **Gestione Della Supply Chain:** Ottimizzare la supply chain a livello globale è una sfida fondamentale. Questo include la gestione dei fornitori, la logistica, la produzione e la distribuzione in modo efficiente e sostenibile,

tenendo conto delle differenze regionali in termini di infrastrutture, costi e normative.

22. **Customer Experience e Servizio Clienti:** Offrire un'esperienza cliente eccezionale e un servizio clienti di alta qualità è fondamentale in ogni mercato. L'adattamento dei servizi di assistenza clienti alle lingue, ai fusi orari e alle aspettative locali può aumentare la soddisfazione del cliente e la lealtà al marchio.

23. **Formazione e Sviluppo del Personale:** La formazione e lo sviluppo del personale sono essenziali per costruire un team competente e motivato. Le aziende devono investire in programmi di formazione specifici che preparino i dipendenti alle sfide e alle opportunità della globalizzazione.

24. **Analisi del Mercato e Segmentazione:** Condurre un'analisi di mercato dettagliata e definire segmenti di clientela chiari sono passaggi essenziali per sviluppare strategie di marketing e vendita efficaci. Comprendere le esigenze, le preferenze e i comportamenti d'acquisto dei consumatori locali può aiutare a personalizzare l'offerta e a posizionare la marca con successo.

25. **Responsabilità Sociale e Sostenibilità:** Le aziende globali devono assumersi la responsabilità dei loro impatti sociali e ambientali. Implementare pratiche

sostenibili, promuovere l'etica aziendale e contribuire al benessere delle comunità locali può migliorare l'immagine della marca e la percezione da parte dei consumatori.

26. **Innovazione e Differenziazione del Prodotto:** L'innovazione continua e la differenziazione del prodotto sono fondamentali per mantenere un vantaggio competitivo. Le aziende devono esplorare nuove idee, tecnologie e processi per migliorare i loro prodotti e servizi e adattarsi alle esigenze in evoluzione dei consumatori globali.

Ognuno di questi punti richiede un'attenzione particolare e una strategia specifica, poiché le sfide e le opportunità presentate dalla globalizzazione sono molteplici e complesse. Le aziende devono essere flessibili, resilienti e pronte a innovare per avere successo nel panorama commerciale internazionale.

27. **Adattamento Culturale:** L'adattamento culturale è essenziale quando si entra in nuovi mercati. Le aziende devono essere consapevoli delle diversità culturali, linguistiche, religiose e sociali, e adattare i prodotti, i servizi e la comunicazione di conseguenza per evitare fraintendimenti e rispettare le sensibilità locali.

28. **Ricerca e Sviluppo Localizzata:** La ricerca e lo sviluppo localizzati possono contribuire a creare prodotti e servizi che

soddisfano le esigenze e le preferenze specifiche dei consumatori locali. Questo può portare a un'offerta più competitiva e un'immagine di marca più forte a livello locale.

29. **Gestione dei Rischi:** La globalizzazione porta con sé una varietà di rischi, tra cui fluttuazioni dei tassi di cambio, instabilità politica, e differenze nelle normative. Le aziende devono identificare e mitigare attivamente questi rischi per proteggere le operazioni internazionali e mantenere la stabilità finanziaria.

30. **Comunicazione Transculturale:** La capacità di comunicare efficacemente attraverso le barriere culturali è un fattore chiave di successo. Le aziende devono sviluppare competenze in comunicazione transculturale tra i dipendenti e con i clienti, i partner e i fornitori internazionali.

31. **Competitività e Differenziazione:** In un mercato globale, la competitività è accresciuta. Le aziende devono continuamente cercare di differenziarsi attraverso l'innovazione, la qualità, il servizio e la sostenibilità per mantenere e guadagnare quote di mercato.

32. **Digitalizzazione e E-Commerce:** L'uso strategico della tecnologia digitale e delle piattaforme di e-commerce è vitale per raggiungere i consumatori a livello globale. La digitalizzazione può aiutare le aziende a ridurre i

costi, migliorare l'efficienza e offrire servizi migliori ai clienti internazionali.

33. **Strategie di Mercato Locale vs Globale:** Le aziende devono bilanciare le strategie globali con approcci localizzati, adattando l'offerta e la comunicazione ai mercati specifici pur mantenendo un'identità di marca coesa e riconoscibile a livello mondiale.

34. **Sviluppo di Reti e Relazioni Internazionali:** Costruire e mantenere relazioni solide con partner, clienti e fornitori internazionali è fondamentale. La rete di contatti può supportare l'espansione aziendale, facilitare l'accesso a nuovi mercati e contribuire alla condivisione di conoscenze e risorse. Questi sono solo alcuni degli aspetti che le aziende devono considerare e gestire attentamente nell'ambito dell'internazionalizzazione e della globalizzazione. La navigazione con successo in questi ambiti richiede una pianificazione strategica dettagliata, l'adattabilità e un impegno a lungo termine.

35. **Strategie di Posizionamento:** Una corretta strategia di posizionamento internazionale è fondamentale. Le aziende devono analizzare come i consumatori di diverse regioni percepiscono la loro marca e adattare il

posizionamento in base a cultura, valori e comportamenti di consumo locali.

36. **Regimi Fiscali e Implicazioni Finanziarie:** La diversità dei regimi fiscali tra i vari paesi rappresenta una sfida importante. Le aziende devono pianificare attentamente la struttura finanziaria e le operazioni di business per ottimizzare le imposte e adempiere a tutte le leggi fiscali locali.

37. **Logistica e Supply Chain:** La gestione della logistica e della supply chain a livello internazionale è complessa. La scelta dei fornitori, la gestione delle scorte, i tempi di consegna e i costi di spedizione devono essere ottimizzati per garantire efficienza e soddisfazione del cliente.

38. **Branding Multiculturale:** Il branding deve essere culturalmente rilevante in ogni mercato. Le aziende devono comprendere i simboli, i colori, i linguaggi e i valori culturali locali per creare un marchio attraente e risonante con il pubblico internazionale.

39. **Analisi del Mercato e Intelligenza Competitiva:** La raccolta e l'analisi di dati sul mercato e sulla concorrenza sono cruciali. Le aziende devono monitorare costantemente le tendenze, le preferenze dei consumatori e le strategie dei concorrenti per adattarsi e innovare in tempo reale.

40. **Adattamento del Prodotto:** A seconda delle esigenze e delle aspettative locali, potrebbe essere necessario adattare le caratteristiche del prodotto, la confezione, le etichette e le istruzioni per l'uso. Questo è essenziale per rispettare le normative locali e soddisfare i consumatori.

41. **Barriere Linguistiche e Comunicazione:** Superare le barriere linguistiche è fondamentale. La traduzione accurata dei materiali di marketing, la formazione del personale multilingue e l'uso di interpreti possono migliorare significativamente la comunicazione e l'immagine del brand.

42. **Innovazione e Ricerca Locale:** L'investimento in innovazione e ricerca locale è chiave. Sviluppare prodotti e servizi che rispondono alle esigenze specifiche di diversi mercati può portare a un vantaggio competitivo e a una maggiore accettazione da parte dei consumatori locali.

43. **Corporate Governance Internazionale:** L'adozione di buone prassi di corporate governance a livello internazionale può rafforzare la reputazione dell'azienda, migliorare le relazioni con gli stakeholder e contribuire al successo a lungo termine dell'impresa in mercati globali.

44. **Responsabilità Ambientale:** Le aziende internazionali devono considerare l'impatto

ambientale delle loro operazioni. L'adozione di pratiche sostenibili può migliorare l'immagine del brand, soddisfare la domanda dei consumatori e conformarsi alle normative ambientali locali.

45. **Negoziazione e Relazioni Interaziendali:** La capacità di negoziare efficacemente e mantenere relazioni positive con partner, distributori e clienti internazionali è essenziale per navigare con successo nel panorama commerciale globale.

Concludendo, l'internazionalizzazione e la globalizzazione sono processi multifaccettati che richiedono un'attenta strategia e pianificazione. Le aziende devono adottare un approccio olistico, considerando tutti gli aspetti dell'espansione internazionale, dal posizionamento del brand all'adattamento del prodotto, dalla gestione logistica all'analisi di mercato.
La sfida principale sta nell'equilibrare l'uniformità del brand e dell'offerta con le specificità dei mercati locali. La profonda comprensione delle differenze culturali, delle preferenze dei consumatori e delle normative locali è essenziale per creare una presenza forte e duratura in nuovi mercati. Inoltre, è cruciale considerare le implicazioni fiscali e finanziarie, adottare pratiche sostenibili e responsabili, e

costruire relazioni solide con fornitori, partner e clienti a livello internazionale.

Le barriere linguistiche e le differenze comunicative devono essere affrontate con soluzioni creative e tecnologiche, garantendo che il messaggio del brand sia trasmesso efficacemente e che i valori dell'azienda siano compresi e apprezzati. L'innovazione e la ricerca locale sono anch'esse fondamentali per sviluppare prodotti e servizi che rispondono alle esigenze specifiche dei consumatori di diverse regioni.

La corporate governance internazionale e la responsabilità ambientale sono altri pilastri cruciali dell'espansione globale. La buona governance può costruire la fiducia degli stakeholder e la sostenibilità può rispondere alla crescente domanda di prodotti e servizi ecologicamente responsabili, oltre a garantire la conformità alle normative ambientali locali.

Infine, lo sviluppo di competenze di negoziazione e la costruzione di relazioni interaziendali solide sono essenziali per il successo in mercati internazionali diversificati. La capacità di collaborare e negoziare efficacemente può determinare la capacità dell'azienda di accedere a nuovi mercati, ottimizzare la catena del valore e navigare con successo nel panorama commerciale globale.

In sintesi, l'internazionalizzazione e la globalizzazione sono percorsi complessi e sfidanti che richiedono una strategia ben articolata, una profonda conoscenza dei mercati locali, un'etica solida, e una continua capacità di adattamento e innovazione.

18. Crisi e Opportunità (COVID-19, Altre crisi, ecc.)

Il mondo degli affari è sempre stato soggetto a crisi ed opportunità. Le crisi, come la pandemia di COVID-19, hanno avuto un impatto significativo su molte industrie, alterando profondamente modalità di lavoro, catene di approvvigionamento e comportamenti dei consumatori.

La pandemia di COVID-19, in particolare, ha messo in evidenza la vulnerabilità delle catene di approvvigionamento globali e l'importanza della digitalizzazione. Ha forzato molte imprese ad adattare i loro modelli di business, spingendo ad accelerare la transizione verso il commercio elettronico, il lavoro remoto e la diversificazione delle fonti di approvvigionamento. D'altra parte, ha anche creato nuove opportunità, come l'aumento della domanda di prodotti e servizi sanitari, l'espansione del mercato della tecnologia digitale e l'innovazione in settori come l'educazione online e la telemedicina.

Oltre alla pandemia, altre crisi, quali quelle finanziarie, ambientali o geopolitiche, possono avere un impatto significativo sul business. Tali crisi possono generare incertezza e volatilità del mercato, ma possono anche offrire opportunità per le aziende che sono in grado di adattarsi e innovare. Ad esempio, le crisi ambientali hanno stimolato la crescita di settori come le energie rinnovabili e hanno spinto le aziende ad adottare pratiche più sostenibili.

Le opportunità emergono anche dalla continua evoluzione tecnologica. Le tecnologie emergenti, come l'intelligenza artificiale, il blockchain e l'Internet delle cose (IoT), stanno trasformando diversi settori, creando nuovi mercati e modelli di business. Le aziende che sono in grado di sfruttare queste tecnologie possono guadagnare un vantaggio competitivo e accedere a nuove fonti di reddito.

Inoltre, i cambiamenti demografici e socio-culturali possono anche generare crisi e opportunità. L'invecchiamento della popolazione, l'aumento della classe media globale, e la crescente attenzione ai diritti sociali e alla sostenibilità ambientale stanno influenzando la domanda di prodotti e servizi e modellando le aspettative degli stakeholder.

In conclusione, mentre le crisi possono portare sfide e incertezze, possono anche agire come catalizzatori di cambiamento e innovazione. Le aziende che sono resilienti, flessibili e in grado di anticipare e adattarsi ai cambiamenti possono non solo sopravvivere alle crisi, ma anche trarne vantaggio per prosperare in nuovi contesti di mercato. La chiave sta nel trovare un equilibrio tra la gestione dei rischi e l'esplorazione di nuove opportunità, rimanendo sempre allineati ai valori e agli obiettivi aziendali.

Le crisi e le opportunità nel mondo degli affari sono come due facce della stessa medaglia. Ogni crisi presenta un insieme unico di sfide, ma può anche aprire nuove porte a possibilità inaspettate. Le imprese, nella loro natura dinamica, devono essere pronte ad affrontare l'inesorabile flusso di cambiamenti e turbolenze, che possono manifestarsi in molte forme. Prendiamo, ad esempio, le tensioni commerciali a livello globale. Queste non solo influenzano i rapporti tra i paesi, ma creano anche nuove dinamiche di mercato. Le imprese possono essere costrette a riconsiderare le loro strategie di importazione ed esportazione, a cercare nuovi fornitori o a diversificare i loro mercati di destinazione. Tuttavia, possono anche sfruttare queste situazioni per accedere a nuovi mercati emergenti o per sfruttare le opportunità offerte da nuovi accordi commerciali.

Un altro esempio è rappresentato dalle innovazioni tecnologiche. Mentre queste stanno trasformando radicalmente settori interi, possono anche generare disuguaglianze e problemi etici. Le aziende devono quindi non solo aggiornarsi continuamente sulle ultime tendenze tecnologiche, ma anche riflettere sul loro impatto sociale ed etico, adattando le loro pratiche e strategie di conseguenza.

La crescente consapevolezza e preoccupazione per i cambiamenti climatici e la sostenibilità stanno spingendo le imprese a ripensare i loro modelli di business. La transizione verso un'economia a basse emissioni di carbonio offre nuove possibilità di investimento in energie rinnovabili, mobilità sostenibile e tecnologie verdi. Allo stesso tempo, le imprese devono affrontare crescenti pressioni da parte degli stakeholder, che chiedono maggiore trasparenza e responsabilità.

La demografia è un altro fattore cruciale. La crescita della popolazione in certe regioni del mondo e l'urbanizzazione stanno portando a nuove dinamiche di mercato, ma anche a sfide come la congestione urbana, l'inquinamento e la pressione sulle risorse naturali. Le aziende possono trovare opportunità in nuovi segmenti di mercato e nelle crescenti esigenze dei consumatori urbani, ma devono anche considerare l'impatto ambientale e sociale delle loro attività.

La diversificazione è una strategia chiave per navigare attraverso queste acque turbolente. Le aziende che diversificano i loro prodotti, servizi e mercati sono generalmente più resilienti alle crisi e meglio posizionate per sfruttare le nuove opportunità. Investire in ricerca e sviluppo, formazione del personale e relazioni con gli stakeholder sono tutti elementi essenziali per costruire un'impresa resiliente e innovativa. Inoltre, la gestione efficace delle relazioni con i clienti durante i periodi di crisi è vitale. Le imprese devono comunicare in modo chiaro e trasparente, dimostrando empatia e supporto. La fidelizzazione del cliente in tempi difficili può rafforzare la reputazione dell'azienda e contribuire alla sua ripresa e crescita nel lungo termine.

La cultura aziendale e la leadership giocano anche un ruolo cruciale. Una cultura che promuove la collaborazione, l'apprendimento e l'adattabilità può aiutare le aziende a navigare attraverso le sfide e a sfruttare le opportunità emergenti. Le leadership efficaci sono quelle che sono in grado di guidare con visione e determinazione, ispirando fiducia e motivazione nei momenti di incertezza.

Infine, ma non meno importante, l'accesso a finanziamenti e risorse può fare la differenza tra sopravvivenza e fallimento in tempi di crisi. La gestione prudente delle finanze, la ricerca di nuove fonti di finanziamento e la diversificazione dei rischi finanziari sono tutte strategie chiave per garantire la sostenibilità finanziaria delle imprese.

Questi sono solo alcuni degli aspetti che le imprese devono considerare nel contesto delle crisi e delle opportunità. Le sfide sono molteplici e complesse, ma con la giusta strategia, visione e risorse, le imprese possono non solo superare le crisi, ma anche emergere più forti e resilienti.

Ogni crisi, come quella scatenata dalla pandemia di COVID-19, costringe le imprese a una riflessione profonda su come affrontare situazioni senza precedenti. La pandemia ha accelerato la transizione verso il digitale, costringendo molte aziende a ripensare il modo in cui operano, comunicano e vendono i loro prodotti o servizi. E' emersa una nuova necessità di agilità e flessibilità, che ha spinto le imprese a esplorare nuovi modelli di business, come il commercio elettronico, il lavoro remoto e le soluzioni basate sulla tecnologia.

In risposta a queste sfide, molte aziende hanno dovuto reinventarsi. Hanno adottato tecnologie avanzate come l'intelligenza artificiale, la robotica e la blockchain per migliorare l'efficienza operativa, ridurre i costi e creare nuove opportunità di mercato. La digitalizzazione ha anche portato alla nascita di nuovi modelli di business, come la subscription economy, che permette alle aziende di generare flussi di reddito ricorrenti e di costruire relazioni più strette con i clienti.

L'adattamento rapido è stato fondamentale per la sopravvivenza delle aziende durante la pandemia. Hanno dovuto gestire la supply chain in modo più efficiente, ottimizzare le risorse, ridurre i costi e trovare nuovi modi per interagire con i clienti. La pandemia ha anche evidenziato l'importanza della resilienza e della preparazione alle crisi, poiché le aziende con piani di continuità operativa e strategie di gestione del rischio ben strutturate sono state in grado di affrontare meglio le sfide.

D'altra parte, la crisi ha aperto nuove opportunità in settori come la sanità digitale, l'educazione online, la logistica e il delivery. Le aziende che hanno saputo identificare e sfruttare queste opportunità hanno potuto espandere i loro mercati e aumentare i loro profitti. La diversificazione dei prodotti e dei servizi, l'innovazione e l'accesso a nuovi mercati sono diventati fattori chiave per il successo in un ambiente imprenditoriale in continuo cambiamento.

Anche la sostenibilità è diventata una priorità ancora più rilevante durante la crisi. Le aziende sono sempre più chiamate a rispondere alle crescenti aspettative dei consumatori, degli investitori e della società in generale in materia di responsabilità ambientale, sociale e di governance (ESG). La transizione verso modelli di business più sostenibili e responsabili può non solo aiutare le aziende a mitigare i rischi associati ai cambiamenti climatici e alle disuguaglianze sociali, ma può anche creare vantaggi competitivi e opportunità di crescita.

Inoltre, le partnership e le collaborazioni si sono rivelate essenziali per superare le sfide della crisi. Le aziende hanno cercato di stabilire alleanze strategiche con partner complementari per ampliare la loro presenza sul mercato, accedere a nuove competenze e risorse e condividere i rischi. Queste collaborazioni hanno permesso alle aziende di accelerare l'innovazione, di entrare in nuovi mercati e di rispondere in modo più efficace alle esigenze dei clienti.

Infine, la gestione delle persone è un altro aspetto cruciale che è stato messo in evidenza dalla crisi. Le aziende hanno dovuto trovare nuovi modi per sostenere i loro dipendenti, promuovere il benessere e la produttività, e adattarsi a nuovi modelli di lavoro. La leadership empatica, la comunicazione efficace e la formazione continua sono diventate competenze chiave per guidare le organizzazioni attraverso tempi incerti e per costruire una cultura aziendale resiliente e inclusiva.

Queste considerazioni illustrano la complessità e la multidimensionalità delle crisi e delle opportunità nel contesto aziendale. Mentre ogni crisi porta con sé un'inevitabile quota di sfide e incertezze, può anche essere un catalizzatore di cambiamento e innovazione, offrendo alle imprese la possibilità di apprendere, adattarsi e crescere.

In conclusione, la gestione delle crisi e l'individuazione delle opportunità sono compiti essenziali nel panorama aziendale odierno, particolarmente evidenziati dalle sfide poste dalla pandemia di COVID-19. La crisi ha rivelato l'importanza dell'agilità, dell'innovazione e dell'adattabilità, spingendo le imprese a ripensare i loro modelli di business, adottare nuove tecnologie e diversificare prodotti e servizi. Le aziende che hanno saputo adattarsi rapidamente, gestire efficacemente la supply chain, ottimizzare le risorse e reinventare il modo di interagire con i clienti hanno mostrato una resilienza maggiore.

Inoltre, l'accento sulla sostenibilità e la responsabilità sociale d'impresa è diventato centrale, con una crescente attenzione alle pratiche di ESG (Environmental, Social, and Governance) e alla necessità di adottare modelli di business etici e sostenibili. Questo cambiamento non solo contribuisce a mitigare i rischi associati ai cambiamenti climatici e alle disuguaglianze sociali, ma genera anche vantaggi competitivi, rafforzando l'immagine aziendale e creando valore a lungo termine per gli stakeholder.

Le opportunità emergenti in settori come la sanità digitale, l'educazione online e la logistica hanno aperto nuovi orizzonti per le imprese proattive. Identificare e sfruttare tali opportunità richiede tuttavia una profonda comprensione del mercato, una visione strategica e la capacità di innovare continuamente. La formazione e lo sviluppo delle competenze dei dipendenti, insieme a una leadership empatica e inclusiva, sono fondamentali per costruire un'organizzazione resiliente e pronta a navigare in un ambiente in continuo cambiamento.

L'importanza delle partnership e delle collaborazioni strategiche è stata altresì rafforzata, dimostrando che unire le forze con altri attori del mercato può accelerare l'innovazione, condividere i rischi e accedere a nuove competenze e risorse. In un mondo sempre più interconnesso e dinamico, la collaborazione e la co-creazione diventano essenziali per il successo a lungo termine.

Infine, la crisi ha sottolineato la necessità di una preparazione e gestione delle crisi accurata. Le aziende con piani di continuità operativa ben strutturati e strategie di gestione del rischio efficaci sono state in grado di navigare attraverso le incertezze e di posizionarsi in modo vantaggioso per il futuro. La resilienza organizzativa, la flessibilità e la capacità di apprendimento continuo sono diventate competenze chiave per affrontare le sfide future e sfruttare le opportunità emergenti.

Questo quadro complessivo suggerisce che, sebbene le crisi possano presentare sfide significative, rappresentano anche momenti di apprendimento e crescita. Con il giusto approccio strategico, le aziende possono non solo superare le avversità, ma anche emergere più forti, più resilienti e più sostenibili.

19. Innovazioni di Prodotto

Le innovazioni di prodotto rappresentano un elemento cruciale per la crescita e il successo di un'impresa nel mercato attuale altamente competitivo e in continua evoluzione. Queste innovazioni possono assumere varie forme, includendo miglioramenti significativi delle caratteristiche esistenti, l'introduzione di nuove funzionalità o la creazione di prodotti completamente nuovi che soddisfano un bisogno insoddisfatto del mercato.

1. **Tecnologia e Materiali:** L'adozione di nuove tecnologie e materiali può portare a prodotti più efficienti, sostenibili ed efficaci. Ad esempio, l'utilizzo di materiali biodegradabili può ridurre l'impatto ambientale, mentre l'integrazione della tecnologia IoT (Internet of Things) può rendere i prodotti più intelligenti e connessi.

2. **Design Centrato sull'Utente:** Un approccio centrato sull'utente al design del prodotto può portare a soluzioni più ergonomiche, intuitive e soddisfacenti per il consumatore. La ricerca e l'analisi delle esigenze e dei comportamenti degli utenti sono fondamentali in questo processo.

3. **Sostenibilità:** L'attenzione alla sostenibilità è diventata sempre più importante. Le innovazioni che riducono l'impronta ecologica, utilizzano risorse rinnovabili e minimizzano gli sprechi

possono attrarre consumatori consapevoli e creare un vantaggio competitivo.

4. **Personalizzazione:** La possibilità di personalizzare i prodotti in base alle preferenze individuali del consumatore è una tendenza in crescita. La tecnologia ha permesso livelli di personalizzazione senza precedenti, da prodotti realizzati su misura a soluzioni modulabili.

5. **Intelligenza Artificiale e Machine Learning:** L'integrazione di IA e ML può rendere i prodotti più intelligenti, migliorando le loro prestazioni, la personalizzazione e la capacità di adattarsi ai bisogni degli utenti.

6. **Soluzioni Omnicanale:** Progettare prodotti che si integrino in un ecosistema omnicanale può migliorare l'esperienza del cliente e aumentare la fedeltà al brand. Questo è particolarmente rilevante in settori come il retail e i servizi.

7. **Collaborazioni e Partnership:** Collaborare con altre aziende, università o centri di ricerca può portare a innovazioni di prodotto uniche, combinando competenze e risorse diverse.

8. **Agilità e Velocità di Implementazione:** La capacità di innovare rapidamente e portare nuovi prodotti sul mercato in tempi brevi è un fattore chiave di successo, specialmente in settori ad alta velocità di evoluzione come la tecnologia e la moda.

9. **Ricerca e Sviluppo (R&S):** Investimenti consistenti in R&S sono essenziali per sviluppare nuove idee, testare concetti e prototipare soluzioni innovative. La cultura dell'innovazione all'interno dell'organizzazione è un driver fondamentale in questo ambito.

10. **Feedback e Coinvolgimento del Cliente:** Ascoltare i feedback dei clienti e coinvolgerli nel processo di sviluppo del prodotto può portare a soluzioni più allineate alle loro esigenze e aspettative, aumentando così la soddisfazione e la fedeltà.

11. **Big Data e Analytics:** L'analisi dei dati può offrire intuizioni preziose sulle tendenze di mercato, i comportamenti dei consumatori e le opportunità di innovazione, guidando lo sviluppo di prodotti più mirati e competitivi.

In conclusione, l'innovazione di prodotto è un processo complesso e multifattoriale che richiede una profonda comprensione del mercato, una forte cultura dell'innovazione, l'adozione di nuove tecnologie e un approccio centrato sull'utente. Le aziende che riescono a innovare in modo efficace sono quelle che riescono a combinare visione strategica, creatività, ricerca e sviluppo, ascolto del cliente e agilità operativa, posizionandosi così in modo vantaggioso nel panorama competitivo odierno.

L'innovazione di prodotto non si ferma certo alla semplice ideazione e creazione di nuovi articoli; è piuttosto un vortice di continua evoluzione, richiedendo una profonda immersione nelle dinamiche di mercato e un'incessante ricerca di eccellenza. L'attenzione alla diversificazione delle linee di prodotto, la sperimentazione di nuovi modelli di business e l'osservazione costante delle esigenze in continua evoluzione dei consumatori sono tutte strategie che alimentano il motore dell'innovazione.

Valore Aggiunto e Differenziazione: È fondamentale che ogni nuovo prodotto apporti un valore aggiunto al consumatore, offrendo qualcosa di unico che lo differenzi dalla concorrenza. Questo potrebbe significare migliorare la qualità, offrire un design unico, o integrare funzionalità innovative che rispondono a bisogni specifici del mercato.

Validazione del Mercato: Prima di procedere con la produzione di massa, le aziende spesso svolgono una fase di validazione del mercato. Questo processo implica il test del prodotto su un campione di consumatori per raccogliere feedback e valutare la sua accettazione nel mercato. La validazione può aiutare a identificare potenziali miglioramenti e ad ottimizzare il prodotto prima del lancio ufficiale.

Adattamento Culturale: Nell'era della globalizzazione, l'adattamento culturale dei prodotti è di cruciale importanza. Le aziende devono essere consapevoli delle diversità culturali e delle preferenze locali, adattando i prodotti di conseguenza per garantire il loro successo in mercati diversificati.

Pianificazione del Ciclo di Vita del Prodotto: La gestione del ciclo di vita del prodotto è un altro aspetto critico. Dall'introduzione alla crescita, alla maturità e infine al declino, ogni fase del ciclo di vita richiede strategie di marketing, produzione e gestione delle scorte differenti. L'innovazione può anche implicare la rinvigorimento di prodotti esistenti, prolungandone la vita sul mercato.

Gestione del Rischio: Innovare comporta sempre un certo grado di rischio. Le aziende devono bilanciare l'aspirazione all'innovazione con una valutazione accurata dei rischi associati. Questo include la valutazione delle potenziali ricadute negative, la gestione dell'incertezza e la preparazione a scenari imprevisti.

Interdisciplinarità e Competenze Miste: L'innovazione di prodotto richiede un approccio interdisciplinare che unisca competenze diverse, dalla ricerca e sviluppo al design, dal marketing alla logistica. Creare team diversificati e favorire la collaborazione tra differenti aree dell'azienda può stimolare la creatività e generare soluzioni innovative.

Flessibilità e Scalabilità: La flessibilità e la scalabilità sono elementi chiave nel processo di innovazione. Le aziende devono essere pronte ad adattarsi ai cambiamenti del mercato e avere la capacità di scalare rapidamente la produzione in risposta alla domanda.

Tutela della Proprietà Intellettuale: La protezione delle idee innovative attraverso brevetti, marchi e diritti d'autore è fondamentale per mantenere un vantaggio competitivo e assicurare il ritorno sull'investimento.

Etica e Responsabilità: Infine, ma non meno importante, le innovazioni di prodotto devono essere realizzate in modo etico e responsabile, tenendo conto delle implicazioni sociali, ambientali ed etiche. Il rispetto per i diritti umani, la tutela dell'ambiente e l'attenzione all'impatto sociale del prodotto sono tutti fattori che possono influenzare l'accettazione del prodotto da parte dei consumatori e l'immagine dell'azienda.

Così, le innovazioni di prodotto si rivelano essere un percorso complesso e sfaccettato, che richiede una visione a 360 gradi e un approccio olistico, tenendo in considerazione non solo gli aspetti tecnici e commerciali, ma anche le implicazioni etiche e culturali.

L'innovazione di prodotto trascende anche i confini di un singolo settore, abbracciando tecnologie emergenti e applicazioni trasversali. Ogni innovazione di prodotto può essere considerata come una piccola rivoluzione che cambia il paradigma esistente e apre nuove possibilità e orizzonti.

Sviluppo Sostenibile: Un'area in crescita nell'innovazione di prodotto è lo sviluppo sostenibile. Le aziende stanno sempre più esplorando modi per produrre beni in modo più ecologico, utilizzando materiali riciclabili o biodegradabili e riducendo l'uso di risorse non rinnovabili. L'obiettivo è ridurre l'impronta ecologica e creare prodotti che siano in armonia con l'ambiente e la società.

Integrazione Tecnologica: L'incorporamento di nuove tecnologie nei prodotti è un altro elemento chiave dell'innovazione. Che si tratti di intelligenza artificiale, Internet delle cose, o realtà aumentata e virtuale, l'integrazione di tecnologie avanzate può migliorare le funzionalità dei prodotti e offrire esperienze uniche agli utenti.

Personalizzazione e Customizzazione: La tendenza alla personalizzazione e customizzazione sta guadagnando sempre più terreno. I consumatori desiderano prodotti che si adattino alle loro esigenze e preferenze individuali. La capacità di offrire prodotti su misura o opzioni di customizzazione può quindi essere un forte differenziatore sul mercato.

Collaborazioni e Partnership: Le collaborazioni tra aziende e l'instaurazione di partnership possono portare a innovazioni di prodotto sinergiche. Unendo competenze e risorse, le aziende possono sviluppare prodotti che vanno oltre ciò che avrebbero potuto realizzare singolarmente. Le collaborazioni possono avvenire non solo con altre aziende, ma anche con università, centri di ricerca e startup innovative.

Analisi dei Big Data: L'analisi dei big data gioca un ruolo cruciale nell'identificazione di nuove opportunità di innovazione di prodotto. Attraverso l'analisi di grandi quantità di dati, le aziende possono identificare tendenze emergenti, comprendere meglio le esigenze dei consumatori e prevedere futuri sviluppi del mercato.

Feedback e Coinvolgimento del Cliente: Il coinvolgimento dei clienti nel processo di innovazione è fondamentale. Raccogliere feedback, ascoltare le esigenze e le opinioni dei consumatori può offrire preziosi spunti per lo sviluppo di nuovi prodotti. Le aziende stanno sempre più adottando approcci co-creativi, coinvolgendo i clienti nella fase di ideazione e sviluppo del prodotto.

Agilità e Iterazione: Adottare un approccio agile e iterativo nello sviluppo di prodotti può accelerare il processo di innovazione. Sperimentare, testare, fare prototipi, ricevere feedback e fare miglioramenti continuativi permette di adattare il prodotto alle esigenze in evoluzione del mercato e riduce il rischio di insuccesso.

Competizione e Benchmarking: Infine, osservare la concorrenza e fare benchmarking può offrire spunti preziosi per l'innovazione di prodotto. Studiare i prodotti degli avversari, identificare i loro punti di forza e debolezza e cercare di superarli può essere un potente stimolo per l'innovazione.

In questo modo, l'innovazione di prodotto si presenta come un mosaico di fattori e influenze che, se ben orchestrati, possono portare al successo di mercato e al rafforzamento della posizione competitiva dell'azienda.

Nel contesto dell'innovazione di prodotto, è fondamentale considerare anche l'importanza della proprietà intellettuale, del design thinking, e dell'importanza di un approccio multidisciplinare.

Proprietà Intellettuale: La protezione della proprietà intellettuale è cruciale per salvaguardare le innovazioni. Brevetti, marchi, e diritti d'autore sono strumenti essenziali per proteggere le idee e garantire che l'azienda possa trarre i massimi benefici dalle sue innovazioni. La gestione efficace della proprietà intellettuale può anche facilitare la collaborazione e la licenza, permettendo alle aziende di espandere la portata delle loro innovazioni.

Design Thinking: Il design thinking è un approccio che pone al centro le esigenze umane e incentra il processo di sviluppo del prodotto sulla risoluzione dei problemi reali degli utenti. Tramite l'empatia, la definizione del problema, l'ideazione, il prototipaggio, e il testing, il design thinking permette di sviluppare soluzioni innovative che rispondono veramente alle necessità delle persone.

Approccio Multidisciplinare: L'innovazione di prodotto beneficia enormemente di un approccio multidisciplinare. Coinvolgere esperti di diverse discipline, da ingegneri a designer, da marketer a scienziati dei dati, può portare a soluzioni più complete e ben pensate. L'intersezione di diverse aree di conoscenza è spesso il terreno fertile dove nascono le idee più innovative.

Ricerca e Sviluppo: Investire in ricerca e sviluppo è un altro pilastro fondamentale dell'innovazione di prodotto. La R&S permette di esplorare nuove tecnologie, materiali e metodologie, creando le basi per lo sviluppo di prodotti all'avanguardia. Le aziende che sono leader nell'innovazione tendono ad allocare una significativa percentuale delle loro risorse nella R&S.

Trend di Mercato e Analisi Competitiva: Stare al passo con i trend di mercato e condurre analisi competitive regolari sono pratiche essenziali per identificare opportunità di innovazione. Comprendere le dinamiche di mercato e anticipare i cambiamenti nella domanda dei consumatori può dare alle aziende un vantaggio competitivo e orientare lo sviluppo di nuovi prodotti.

Ciclo di Vita del Prodotto: Gestire efficacemente il ciclo di vita del prodotto è essenziale. Dall'ideazione alla produzione, dalla commercializzazione al ritiro dal mercato, ogni fase del ciclo di vita richiede una gestione attenta per massimizzare il successo del prodotto. L'innovazione può avvenire in ogni fase del ciclo di vita, migliorando l'efficienza, la qualità e la rilevanza del prodotto sul mercato.

Adozione di Tecnologie Emergenti:
L'esplorazione e l'adozione di tecnologie
emergenti possono aprire nuove possibilità di
innovazione. Blockchain, stampa 3D, robotica
avanzata, e nanotecnologia sono solo alcune delle
tecnologie che stanno rivoluzionando diversi
settori e offrendo nuove opportunità per lo
sviluppo di prodotti innovativi.

Ecosistema di Innovazione: Infine, la
creazione e la partecipazione a un ecosistema di
innovazione, che include incubatori, acceleratori,
università, centri di ricerca, e altre aziende
innovative, può stimolare la generazione di idee e
facilitare l'accesso a risorse e competenze
essenziali per l'innovazione di prodotto.
In questo panorama, l'innovazione di prodotto
diventa un viaggio complesso e sfaccettato, ricco
di sfide e opportunità, in cui la creatività, la
conoscenza, la collaborazione e la visione
strategica sono ingredienti chiave per il successo.

L'innovazione di prodotto non si ferma alla pura
e semplice creazione, ma abbraccia una gamma
di fattori e sfaccettature che giocano ruoli cruciali
nello sviluppo e nel successo di un prodotto sul
mercato. Ogni elemento, dalla prototipazione
all'analisi del feedback del cliente, contribuisce a
formare un quadro completo dell'innovazione di
prodotto.

Adattabilità e Flessibilità: In un mercato in continuo cambiamento e sviluppo, la capacità di adattarsi rapidamente a nuovi trend e esigenze è vitale. La flessibilità nel ripensare e adattare i prodotti consente alle aziende di rimanere competitive e pertinenti, assecondando i mutamenti nei gusti e nelle preferenze dei consumatori.

Sostenibilità Ambientale: Nell'era della crescente consapevolezza ambientale, l'incorporazione di pratiche sostenibili nella progettazione e produzione è fondamentale. La sostenibilità non è solo eticamente responsabile, ma può anche offrire un vantaggio competitivo, attirando consumatori consapevoli e creando un'immagine di marca positiva.

Collaborazione con i Clienti: L'interazione e la collaborazione con i clienti durante il processo di sviluppo del prodotto possono portare a risultati sorprendenti. L'insight dei clienti può offrire una preziosa prospettiva e contribuire a modellare un prodotto che soddisfi veramente le loro esigenze e aspettative.

Intelligenza Artificiale e Big Data: L'uso di intelligenza artificiale e big data può fornire approfondimenti inestimabili sul comportamento dei consumatori, guidando le aziende nello sviluppo di prodotti su misura. Queste tecnologie permettono di analizzare enormi quantità di dati per identificare pattern e trend, che possono informare decisioni strategiche e migliorare l'efficacia delle innovazioni.

Test e Validazione: Un'attenta fase di test e validazione è essenziale per assicurare che il prodotto sia pronto per il mercato. Questa fase permette di identificare e risolvere eventuali problemi, assicurando che il prodotto finale soddisfi gli standard di qualità e le aspettative dei consumatori.

Crowdfunding e Piattaforme di Finanziamento: Il crowdfunding è diventato un mezzo sempre più popolare per finanziare l'innovazione di prodotto. Piattaforme come Kickstarter e Indiegogo permettono alle aziende di presentare le loro idee a un pubblico globale, ottenendo finanziamenti e validazione del mercato prima del lancio effettivo del prodotto.

Analisi del Ritorno sull'Investimento: Valutare attentamente il ritorno sull'investimento (ROI) è cruciale per ogni innovazione di prodotto. Un'analisi approfondita del ROI aiuta le aziende a comprendere il valore generato dall'innovazione e a gestire efficacemente le risorse.

Formazione e Sviluppo delle Competenze: La formazione continua e lo sviluppo delle competenze dei team di sviluppo del prodotto sono fondamentali. La promozione di un ambiente di apprendimento e la valorizzazione delle competenze possono migliorare la creatività e la produttività, contribuendo al successo dell'innovazione di prodotto.

Ognuno di questi elementi contribuisce a delineare il complesso panorama dell'innovazione di prodotto, sottolineando l'importanza di un approccio olistico e ben ponderato per navigare con successo in questo ambito.

Concludendo, l'innovazione di prodotto rappresenta un insieme complesso e multiforme di attività, processi e strategie che vanno ben oltre la semplice creazione di un nuovo articolo. È un processo dinamico e in continua evoluzione, che richiede un approccio olistico e una visione lungimirante per garantire il successo nel mercato attuale e futuro.

Integrazione Multidisciplinare: Un fattore chiave dell'innovazione di prodotto è l'integrazione multidisciplinare, che coinvolge diverse aree come il design, l'ingegneria, il marketing e la vendita. Questa sinergia tra diverse discipline garantisce che ogni aspetto del prodotto sia ottimizzato e allineato agli obiettivi complessivi dell'azienda.

Agilità e Velocità di Esecuzione: L'agilità organizzativa e la rapidità nell'implementazione sono vitali per rimanere al passo con la concorrenza e rispondere prontamente alle esigenze del mercato. Le aziende devono essere in grado di accelerare i cicli di sviluppo del prodotto, pur mantenendo elevati standard di qualità e conformità.

Ricerca e Sviluppo (R&D): Gli investimenti in ricerca e sviluppo sono essenziali per alimentare l'innovazione e mantenere un vantaggio competitivo. L'R&D consente alle aziende di esplorare nuove tecnologie, materiali e metodologie, creando le basi per lo sviluppo di prodotti rivoluzionari.

Customer Experience: L'esperienza del cliente deve essere al centro del processo di innovazione. La comprensione delle aspettative, delle esigenze e dei desideri dei clienti è fondamentale per sviluppare prodotti che siano veramente accattivanti e che offrano valore aggiunto.

Proprietà Intellettuale: La gestione e la protezione della proprietà intellettuale sono fondamentali per salvaguardare le innovazioni dell'azienda. Brevetti, marchi e diritti d'autore rappresentano strumenti essenziali per proteggere gli investimenti in innovazione e per prevenire l'imitazione da parte dei concorrenti.

Misurazione e Valutazione del Successo:
Infine, è imperativo stabilire metriche e
indicatori di performance chiari per misurare e
valutare il successo dell'innovazione di prodotto.
Questo comprende non solo la valutazione delle
vendite e dei profitti, ma anche l'analisi
dell'impatto sul brand, sulla quota di mercato e
sulla soddisfazione del cliente.
In sintesi, l'innovazione di prodotto è un
percorso intricato e sfaccettato che richiede una
strategia ben articolata, un impegno costante e
una visione proattiva. Le aziende che riescono a
navigare con successo in questo percorso sono
quelle che adottano un approccio integrato, che
valorizzano la collaborazione multidisciplinare e
che sono sempre pronte ad adattarsi ai
cambiamenti, mantenendo al contempo un forte
impegno verso la qualità, la sostenibilità e la
soddisfazione del cliente.

20. Packaging e Etichettatura

Il packaging e l'etichettatura sono aspetti essenziali nell'ambito della gestione dei prodotti e del marketing. Non si tratta solo di proteggere e conservare il prodotto, ma anche di comunicare efficacemente il brand e le informazioni al consumatore, influenzando la percezione del valore e la decisione di acquisto.

Funzioni Principali: Le funzioni principali del packaging includono la protezione del prodotto durante il trasporto e la distribuzione, la conservazione delle proprietà e la funzionalità del prodotto, e la facilitazione dell'uso da parte del consumatore. L'etichettatura, invece, ha il compito di fornire informazioni essenziali sul prodotto, come ingredienti, istruzioni per l'uso, avvertenze e informazioni normative.

Comunicazione del Brand: Il design del packaging è un potente strumento di comunicazione del brand. Colori, forme, materiali e grafiche giocano un ruolo cruciale nel posizionamento del prodotto e nella creazione di un legame emotivo con il consumatore. Un packaging ben progettato può aumentare la visibilità del prodotto sugli scaffali e distinguersi dalla concorrenza.

Sostenibilità Ambientale: La crescente consapevolezza ambientale ha portato a un rinnovato interesse per il packaging sostenibile. Materiali riciclabili, biodegradabili e a basso impatto ambientale sono sempre più ricercati dai consumatori consapevoli. Le aziende stanno quindi adottando soluzioni di packaging eco-friendly per soddisfare la domanda e ridurre l'impatto ecologico.

Regolamentazioni e Normative: Le normative relative al packaging e all'etichettatura sono stringenti e variano a seconda del paese e del tipo di prodotto. Etichette chiare, complete e conformi sono essenziali per evitare sanzioni legali e per garantire la sicurezza e l'informazione del consumatore.

Tecnologia e Innovazione: L'innovazione tecnologica ha introdotto nuove soluzioni nel campo del packaging, come la realtà aumentata, i codici QR, e i packaging intelligenti che possono interagire con il consumatore e fornire informazioni aggiuntive e esperienze interattive.

Test di Mercato e Feedback del Consumatore: Condurre test di mercato e raccogliere feedback dai consumatori è fondamentale per ottimizzare il design del packaging e garantire che soddisfi le aspettative e le esigenze del target di riferimento. Questo processo può portare a miglioramenti e adattamenti che incrementano l'accettazione del prodotto sul mercato.

Costi e Efficienza Logistica: Infine, la gestione dei costi e l'efficienza logistica sono aspetti cruciali nella progettazione del packaging. La scelta dei materiali, la forma e la dimensione del packaging influenzano non solo i costi di produzione, ma anche la facilità di trasporto, la conservazione e l'esposizione del prodotto. Continuando ad esplorare questo vasto argomento, si evidenziano ulteriori sfaccettature e considerazioni che riflettono la complessità e l'importanza del ruolo del packaging e dell'etichettatura nel panorama commerciale contemporaneo.

Il packaging e l'etichettatura, oltre alle funzioni e agli aspetti già delineati, si intrecciano anche con diverse sfere di interesse nel contesto aziendale, incidendo su fattori quali percezione del brand, esperienza del consumatore e conformità legale. **Valore Aggiunto e Differenziazione:** Un aspetto rilevante del packaging è il suo potere di aggiungere valore al prodotto. Attraverso la creatività e il design, il packaging può creare un'esperienza unica per il consumatore, favorendo la differenziazione sul mercato. La percezione di unicità e qualità può incentivare la preferenza del consumatore e giustificare un premium price.

Packaging Multisensoriale: L'esperienza multisensoriale è un concetto emergente nel design del packaging. La combinazione di texture, colori, suoni e odori può stimolare i sensi del consumatore, creando un ricordo duraturo e influenzando la percezione del prodotto. La ricerca continua di materiali innovativi e tecniche di stampa avanzate contribuisce a sviluppare packaging che attirano e coinvolgono il consumatore a più livelli sensoriali.

Tracciabilità e Sicurezza: La tracciabilità del prodotto è un elemento chiave, soprattutto in settori come l'alimentare e il farmaceutico. L'integrazione di tecnologie come RFID e blockchain nel packaging permette di tracciare la provenienza, la distribuzione e la storia del prodotto, garantendo autenticità e sicurezza. Queste soluzioni tecnologiche contribuiscono a prevenire contraffazioni e a rafforzare la fiducia del consumatore.

Personalizzazione e Edizioni Limitate: La personalizzazione del packaging è una tendenza in crescita, che risponde al desiderio dei consumatori di prodotti unici e distintivi. Il lancio di edizioni limitate, packaging celebrativi e design personalizzati permette di creare un senso di esclusività, alimentando l'interesse e la curiosità del mercato. Questa strategia può essere particolarmente efficace nel lancio di nuovi prodotti o nell'incremento delle vendite in occasioni speciali.

Sensibilizzazione e Informazione del Consumatore: Il packaging e l'etichettatura sono strumenti efficaci per sensibilizzare il consumatore su temi come la sostenibilità ambientale, la salute e il benessere. La trasparenza e la chiarezza nelle informazioni fornite possono educare il consumatore e influenzare scelte consapevoli. L'utilizzo di simboli, certificazioni e messaggi educativi contribuisce a creare un dialogo tra il brand e il consumatore e a costruire una relazione basata sulla fiducia e sui valori condivisi.

Design Inclusivo e Accessibilità: Un'altra considerazione importante nel design del packaging è l'inclusività e l'accessibilità. Progettare packaging facili da aprire, utilizzare e leggere è essenziale per garantire l'accessibilità a tutti i consumatori, inclusi anziani e persone con disabilità. L'attenzione alle esigenze di diversi gruppi di consumatori può migliorare la reputazione del brand e ampliare il target di mercato.

Risposta alle Tendenze di Mercato: Infine, è fondamentale che il packaging e l'etichettatura siano in grado di adattarsi e rispondere alle

tendenze di mercato in evoluzione. L'analisi del mercato e il monitoraggio delle tendenze emergenti permettono di anticipare i cambiamenti nei comportamenti dei consumatori e di sviluppare soluzioni di packaging innovative e allineate alle aspettative del mercato.
La multifunzionalità del packaging e dell'etichettatura, l'intersezione con diverse aree della gestione aziendale, e la capacità di influenzare la percezione e il comportamento del consumatore ne fanno un elemento strategico nella definizione del successo di un prodotto nel mercato contemporaneo.

Sostenibilità e Materiali Ecocompatibili: Nell'era della crescente consapevolezza ambientale, il packaging sostenibile è diventato un imperativo. Le aziende stanno esplorando l'uso di materiali biodegradabili, riciclabili e rinnovabili, cercando di ridurre l'impatto ambientale. Il ricorso a inchiostri ecologici, adesivi meno inquinanti e processi di produzione a basso consumo energetico contribuisce a creare un sistema di packaging più verde.
Innovazione e Tecnologia: Il settore del packaging è in continua evoluzione, grazie all'introduzione di nuove tecnologie e processi innovativi. La realtà aumentata, per esempio, può essere incorporata nel packaging per offrire

un'esperienza interattiva al consumatore, fornendo contenuti aggiuntivi, promozioni o informazioni. La stampa 3D sta anche rivoluzionando la produzione di packaging, permettendo una maggiore personalizzazione e flessibilità nel design.

Rispetto delle Normative: È fondamentale che il packaging e le etichette siano conformi alle normative locali e internazionali. La conformità alle leggi sulla sicurezza alimentare, l'etichettatura dei prodotti chimici, e le restrizioni sui materiali utilizzati è cruciale per evitare sanzioni legali e danni alla reputazione dell'azienda. La conoscenza e l'aggiornamento costante rispetto alla legislazione in materia sono dunque aspetti essenziali.

Comunicazione del Brand: Il packaging è uno degli strumenti di comunicazione più diretti tra il brand e il consumatore. Esso riflette la personalità del brand, i suoi valori e la sua missione. Un packaging ben progettato può raccontare una storia, trasmettere emozioni e creare un legame emotivo con il consumatore, influenzando la lealtà al brand e le decisioni di acquisto.

Adattabilità e Versatilità: L'adattabilità del packaging è cruciale in un mercato in rapida evoluzione. Le aziende devono essere in grado di adattare rapidamente il packaging a nuovi formati, dimensioni e canali di distribuzione. La versatilità nel design permette di rispondere prontamente alle variazioni della domanda, alle esigenze di personalizzazione e ai requisiti di distribuzione.

Efficienza nella Supply Chain: Il design del packaging influisce anche sull'efficienza della supply chain. La progettazione di packaging che ottimizzano lo spazio nei trasporti, che sono resistenti ai danni e che facilitano la movimentazione e lo stoccaggio, può ridurre i costi logistici e minimizzare l'impatto ambientale.

Ricerca e Sviluppo: Investire nella ricerca e sviluppo è vitale per mantenere il passo con l'innovazione nel campo del packaging. Esplorare nuovi materiali, testare nuove soluzioni di design e sviluppare nuovi processi di produzione può portare a scoperte rivoluzionarie e conferire un vantaggio competitivo sostenibile.

Feedback dei Consumatori: Ascoltare il feedback dei consumatori è essenziale per sviluppare packaging che soddisfino le loro esigenze e aspettative. I social media, le recensioni online e i sondaggi sono strumenti preziosi per raccogliere opinioni e suggerimenti, che possono guidare le decisioni di design e migliorare la percezione del prodotto.

Questi elementi, insieme ai già menzionati, sottolineano la complessità e l'importanza del packaging e dell'etichettatura nel panorama aziendale odierno, evidenziando come ogni dettaglio possa avere un impatto significativo sulla performance del prodotto e sulla relazione con il consumatore.

Nel mondo moderno e dinamico del packaging e dell'etichettatura, ci sono sempre nuove tendenze e sfide emergenti. La crescente richiesta dei consumatori per la trasparenza e la tracciabilità, per esempio, sta spingendo le aziende a implementare sistemi avanzati di etichettatura e codificazione. La tecnologia QR e RFID sono strumenti che permettono ai consumatori di accedere a informazioni dettagliate sul prodotto, sulla sua origine e sulla sua sostenibilità, contribuendo a costruire fiducia e lealtà. Parallelamente, l'emergere di nuovi modelli di consumo e canali di distribuzione come il commercio elettronico pone sfide uniche in termini di packaging. La necessità di packaging resistente, che protegga il prodotto durante il trasporto, ma che allo stesso tempo sia facile da aprire per il consumatore, è un equilibrio delicato da raggiungere. Inoltre, il packaging deve essere progettato tenendo in considerazione l'esperienza unboxing, sempre più valorizzata dai consumatori online.

La personalizzazione è un'altra tendenza chiave nel settore del packaging. L'abilità di creare packaging unico e personalizzato può aiutare le aziende a differenziarsi dalla concorrenza e a creare un rapporto più stretto con i consumatori. Le tecnologie di stampa digitale stanno rendendo la personalizzazione più accessibile e conveniente, anche per piccole tirature.

È altresì importante non sottovalutare l'importanza della psicologia dei colori nel packaging. I colori possono influenzare le emozioni e le decisioni d'acquisto dei consumatori. Una comprensione approfondita della psicologia dei colori e di come i consumatori reagiscono a diversi colori può contribuire a creare packaging che attirino l'attenzione e comunichino efficacemente il messaggio del brand.

Il packaging intelligente e connesso rappresenta il futuro del settore. L'integrazione di sensori, chip e altre tecnologie nel packaging permetterà di monitorare le condizioni del prodotto, tracciare la sua posizione e comunicare informazioni in tempo reale. Questa evoluzione tecnologica potrebbe rivoluzionare settori come quello alimentare e farmaceutico, dove la conservazione del prodotto è cruciale.

Infine, la collaborazione con designer, artisti e influencer può aprire nuove possibilità creative e offrire prospettive uniche nel design del packaging. Questi partenariati possono risultare in packaging artistico e innovativo che cattura l'immaginazione dei consumatori e eleva il prodotto in un'opera d'arte.

In sintesi, il mondo del packaging e dell'etichettatura è un campo in continua evoluzione, ricco di opportunità e sfide, dove l'innovazione, la creatività e la sostenibilità giocano un ruolo sempre più centrale. Le aziende che riescono a navigare con successo in questo panorama complesso avranno l'opportunità di costruire relazioni durature con i consumatori e di guadagnare un vantaggio competitivo nel mercato.

Un altro elemento chiave nel campo del packaging e dell'etichettatura è la sostenibilità. Sempre più consumatori stanno dimostrando interesse e preoccupazione per l'ambiente, e ciò ha portato le aziende a esplorare opzioni di packaging ecocompatibili. Materiali biodegradabili, riciclabili e riutilizzabili sono sempre più ricercati, e il design del packaging si sta evolvendo per ridurre l'uso di plastica e altri materiali dannosi per l'ambiente. Le certificazioni eco-friendly possono inoltre offrire un valore aggiunto e contribuire a costruire una reputazione positiva del brand.

La regolamentazione in continua evoluzione è anche una considerazione cruciale nel campo del packaging e dell'etichettatura. Le aziende devono stare al passo con le leggi e le normative locali, nazionali e internazionali, che possono riguardare l'etichettatura delle informazioni sul prodotto, la sicurezza dei materiali e le pratiche di smaltimento. La non conformità può portare a sanzioni, ritiri di prodotto e danni alla reputazione del brand.

L'innovazione tecnologica nel campo della stampa e della produzione di packaging sta anche aprendo nuove possibilità. La stampa 3D, ad esempio, può permettere di creare packaging su misura e altamente personalizzato. Le nuove tecniche di stampa possono inoltre migliorare la qualità e la dettagliatezza delle immagini, rendendo le etichette più attraenti e informative.

L'integrazione di realtà aumentata (AR) nel packaging è un'altra innovazione che sta guadagnando terreno. Attraverso app per smartphone, i consumatori possono interagire con il packaging, accedendo a contenuti multimediali aggiuntivi, informazioni approfondite sul prodotto e esperienze interattive. Questo non solo arricchisce l'esperienza del consumatore, ma offre anche alle aziende nuove opportunità di marketing e engagement.

Il design inclusivo è un'altra considerazione importante. Creare packaging e etichette accessibili a persone con disabilità, come coloro che hanno difficoltà visive o motorie, è fondamentale per l'inclusività e può anche aprire nuovi segmenti di mercato. L'uso di caratteri leggibili, colori contrastanti e caratteristiche tattili può migliorare l'accessibilità del packaging. Le aziende stanno anche esplorando l'uso di intelligenza artificiale (IA) e analisi dei dati per ottimizzare il design del packaging. Analizzando i dati sul comportamento dei consumatori, le preferenze e le tendenze di mercato, le aziende possono prendere decisioni più informate sul design, i materiali e le funzionalità del packaging, massimizzando l'impatto e l'efficacia.

Inoltre, la gestione della catena di approvvigionamento del packaging è cruciale. Le aziende devono collaborare strettamente con i fornitori di materiali, i produttori e i distributori per garantire la qualità, la conformità e l'efficienza dei costi. L'adozione di pratiche di approvvigionamento sostenibile può contribuire a ridurre l'impatto ambientale e a migliorare l'immagine del brand.

Infine, la formazione e l'educazione dei consumatori svolgono un ruolo fondamentale. Educare i consumatori sull'uso corretto, il riutilizzo e il riciclo del packaging può contribuire a ridurre i rifiuti e l'impatto ambientale, e può anche rafforzare il rapporto tra consumatori e brand. La trasparenza e la comunicazione proattiva sono essenziali in questo processo educativo.

In sintesi, il settore del packaging e dell'etichettatura è un terreno fertile per l'innovazione, la creatività e la sostenibilità. Le tendenze e le tecnologie emergenti offrono numerose opportunità per le aziende di differenziarsi, di creare valore e di rispondere alle crescenti aspettative dei consumatori e alle sfide ambientali.

Nel contesto del packaging e dell'etichettatura, anche il marketing sensoriale gioca un ruolo fondamentale. Le aziende stanno sperimentando con materiali, texture e tecniche di stampa che stimolano i sensi, creando un'esperienza multisensoriale che può rafforzare la brand identity e il coinvolgimento dei consumatori. Il packaging può evocare sensazioni tattili, olfattive e anche sonore, che contribuiscono a creare memorabilità e differenziazione nel mercato.

Parallelamente, la sicurezza del prodotto è un altro aspetto cruciale. Il packaging deve proteggere il contenuto da danni, contaminazioni e alterazioni, garantendo la sicurezza e l'integrità del prodotto fino al consumatore finale. Materiali robusti, sigilli di sicurezza, e tecnologie antifrode sono sempre più implementate per prevenire rischi e garantire la fiducia dei consumatori.

La tracciabilità e la trasparenza del prodotto sono diventate priorità per molti consumatori. Le tecnologie di tracciabilità come i codici QR e la blockchain permettono di tracciare l'origine, la produzione e la distribuzione dei prodotti. Questo aumenta la trasparenza e permette ai consumatori di accedere a informazioni dettagliate sulla provenienza e la sostenibilità dei prodotti che acquistano.

La questione della praticità e dell'usabilità del packaging è anche fondamentale. In un mondo sempre più veloce e connesso, i consumatori cercano soluzioni di packaging facili da aprire, utilizzare e trasportare. La progettazione del packaging deve quindi tener conto delle esigenze di praticità e comodità, soprattutto in settori come l'alimentare e la salute, dove la facilità di uso può influenzare significativamente la scelta del consumatore.

Le considerazioni culturali e demografiche influenzano inoltre la percezione e le aspettative riguardo al packaging e all'etichettatura. Le aziende che operano a livello globale devono essere in grado di adattare il design, i messaggi e le informazioni delle etichette alle diverse culture e normative locali, garantendo la coerenza del brand e il rispetto delle differenze culturali. Anche la psicologia dei colori è un elemento da non sottovalutare nella progettazione del packaging. Ogni colore evoca emozioni e reazioni diverse, e la scelta dei colori può influenzare la percezione del brand, la visibilità del prodotto sugli scaffali e la decisione d'acquisto dei consumatori. Le aziende investono quindi in ricerche e analisi per identificare i colori più efficaci in relazione ai loro target di mercato e agli obiettivi di branding.

Inoltre, l'evoluzione delle abitudini di consumo, come l'aumento dello shopping online, sta influenzando il design e le funzionalità del packaging. Il packaging per l'e-commerce deve garantire una maggiore protezione durante il trasporto, ma anche offrire un'esperienza di unboxing memorabile. La personalizzazione del packaging, con messaggi e design unici, può contribuire a creare un legame emotivo con il consumatore e a rafforzare la lealtà al brand. Inoltre, con l'aumento dell'importanza della responsabilità sociale d'impresa, le aziende sono sempre più chiamate a dimostrare il loro impegno verso la società e l'ambiente attraverso le loro scelte di packaging. La comunicazione di iniziative sostenibili, progetti di responsabilità sociale e partnership con organizzazioni ambientaliste può essere veicolata attraverso il packaging e le etichette, contribuendo a costruire un'immagine positiva e responsabile del brand. Infine, il packaging e l'etichettatura sono strumenti chiave per la comunicazione e la promozione del brand. Attraverso il design, i messaggi, i colori e le immagini, il packaging veicola i valori e la personalità del brand, contribuendo a creare un posizionamento distintivo nel mercato e a instaurare un dialogo con i consumatori. La coerenza tra il packaging, l'identità del brand e la strategia di comunicazione è fondamentale per il successo a lungo termine nel mercato competitivo odierno.

Concludendo, il packaging e l'etichettatura non sono semplici involucri protettivi o strumenti informativi, ma svolgono un ruolo multidimensionale nel valore del prodotto e nel successo di un brand. Servono non solo a conservare e proteggere il prodotto, ma anche a comunicare, attrarre e costruire relazioni con i consumatori. Le funzioni del packaging e dell'etichettatura sono interconnesse e si influenzano a vicenda, determinando la percezione del valore e l'esperienza di acquisto del consumatore.

La sostenibilità è diventata un pilastro fondamentale della strategia di packaging. Le aziende sono chiamate a rispondere alle crescenti esigenze ambientali attraverso l'innovazione e la riduzione dell'impatto ecologico, adottando materiali riciclabili, processi produttivi a basso consumo energetico e soluzioni di riduzione degli scarti. L'attenzione alla sostenibilità non è solo un obbligo etico, ma anche un'opportunità di differenziazione e valorizzazione del brand nel mercato.

La personalizzazione e la tecnologia stanno trasformando il modo in cui il packaging e le etichette interagiscono con i consumatori. L'integrazione di elementi digitali, realtà aumentata e tracciabilità avanzata offre nuove possibilità di engagement, fidelizzazione e valorizzazione del brand. Queste innovazioni permettono di creare esperienze uniche e memorabili, che vanno oltre la semplice transazione commerciale e contribuiscono a costruire relazioni durature con i consumatori. L'importanza della praticità, dell'usabilità e della sicurezza non può essere sottovalutata. Il packaging deve garantire la protezione del prodotto, ma anche la facilità di uso e di trasporto. Questi aspetti influenzano direttamente la soddisfazione del consumatore e possono determinare il successo o il fallimento di un prodotto nel mercato.

La sensibilità alle differenze culturali e demografiche è fondamentale per un brand globale. La capacità di adattare il packaging e le etichette alle normative locali e alle aspettative dei consumatori è una competenza strategica che può aprire nuovi mercati e opportunità di crescita.

Infine, la coerenza e l'allineamento tra il packaging, l'identità del brand e la strategia di comunicazione sono essenziali per costruire un brand forte e distintivo. Il packaging è un touchpoint chiave nel percorso d'acquisto del consumatore e deve riflettere i valori, la missione e la visione del brand, contribuendo a rafforzare la posizione nel mercato e la lealtà dei consumatori.

In conclusione, il packaging e l'etichettatura sono elementi strategici che integrano vari aspetti del marketing, della produzione, della logistica e della responsabilità sociale d'impresa.

L'evoluzione delle tecnologie, delle abitudini dei consumatori e delle sfide ambientali sta plasmando il futuro del packaging, rendendolo sempre più centrale nella creazione di valore e nel successo delle aziende nel mercato globale.

22. Tendenze Future e Prospettive

Le tendenze future nel campo del business e del marketing sono caratterizzate da un rapido sviluppo tecnologico, da crescenti aspettative dei consumatori e da una maggiore attenzione all'impatto sociale e ambientale delle aziende. Di seguito, alcune delle tendenze e prospettive più rilevanti per il futuro:

1. **Sostenibilità e Responsabilità Sociale**: La sostenibilità continuerà ad essere una priorità, con un crescente interesse verso l'economia circolare. Le aziende dovranno adottare pratiche ecologicamente sostenibili e eticamente responsabili per rimanere competitive e rispettare le crescenti aspettative dei consumatori e delle normative globali.

2. **Intelligenza Artificiale e Machine Learning**: L'IA e il machine learning avranno un impatto significativo sull'analisi dei dati, la personalizzazione del marketing, l'automazione dei processi aziendali e la creazione di nuovi modelli di business. Queste tecnologie permetteranno alle aziende di essere più efficienti, innovative e reattive ai cambiamenti del mercato.

3. **E-commerce e Commercio Mobile**: L'e-commerce e il m-commerce continueranno a crescere, spinti dall'evoluzione delle tecnologie

digitali, dall'aumento della connettività e dai cambiamenti nelle abitudini di acquisto dei consumatori. La presenza online e la capacità di offrire esperienze d'acquisto seamless diventeranno sempre più cruciali.

4. **Customer Experience e Personalizzazione**: La customer experience e la personalizzazione saranno al centro delle strategie di marketing. Le aziende dovranno puntare su un approccio customer-centric, utilizzando i dati e le tecnologie per comprendere meglio le esigenze dei consumatori e offrire prodotti, servizi e contenuti personalizzati.

5. **Blockchain e Tecnologie Decentralizzate**: La blockchain e altre tecnologie decentralizzate potrebbero rivoluzionare settori come la finanza, la logistica e la supply chain, offrendo soluzioni più sicure, trasparenti e efficienti. Queste tecnologie hanno il potenziale per creare nuovi modelli di business e di governance.

6. **Remote Working e Nuove Dinamiche di Lavoro**: Il remote working e la flessibilità lavorativa diventeranno sempre più comuni, richiedendo alle aziende di adottare nuovi strumenti, politiche e culture organizzative. Queste nuove dinamiche avranno un impatto sull'attrazione e la ritenzione dei talenti, sulla produttività e sul benessere dei dipendenti.

7. **Salute e Benessere**: La crescente attenzione alla salute e al benessere influenzerà il comportamento dei consumatori e le offerte dei prodotti. Le aziende dovranno considerare l'impatto dei loro prodotti e servizi sulla salute fisica e mentale dei consumatori e delle comunità.

8. **Globalizzazione e Localizzazione**: La tensione tra globalizzazione e localizzazione continuerà a caratterizzare il panorama internazionale. Le aziende dovranno bilanciare le strategie globali con le esigenze locali, adattando i prodotti, i servizi e la comunicazione ai diversi mercati e culture.

9. **Crisi ed Emergenze**: La preparazione alle crisi e la resilienza aziendale saranno sempre più importanti, considerando l'aumento delle sfide globali come pandemie, cambiamenti climatici e conflitti geopolitici. Le aziende dovranno sviluppare piani di emergenza, diversificare i rischi e investire nella sostenibilità a lungo termine.

10. **Innovazione e Ricerca e Sviluppo**: L'innovazione continuerà ad essere un driver chiave della competitività. Le aziende dovranno investire nella ricerca e sviluppo, nell'esplorazione di nuove idee e tecnologie, e nella creazione di prodotti e servizi che rispondano alle esigenze emergenti del mercato.

In sintesi, le tendenze future nel mondo del business delineano un panorama in continua evoluzione, dove la tecnologia, la sostenibilità, la personalizzazione e la resilienza saranno temi centrali. Le aziende dovranno essere flessibili, innovative e responsabili per navigare con successo in questo scenario complesso e dinamico

La rapida evoluzione del panorama degli affari continua a rivelare nuovi orizzonti e sfide, introducendo diversi concetti e opportunità inaspettate. Esplorando ulteriormente, possiamo scorgere alcune altre tendenze significative che potrebbero influenzare il futuro del business:

11. **Economia delle Piattaforme**: L'economia delle piattaforme si rafforza, con aziende che operano come intermediarie digitali, connettendo diversi utenti e creando valore attraverso questa intermediazione. Piattaforme come Uber, Airbnb e Amazon sono esempi di questo modello che continuerà a proliferare in settori diversificati.

12. **Big Data e Analitica Avanzata**: Il crescente accumulo di dati offre alle aziende opportunità senza precedenti per l'analisi predittiva e prescrittiva, migliorando la presa di decisioni e permettendo una maggiore personalizzazione delle offerte e delle esperienze clienti.

13. **Cybersecurity e Privacy**: In un'era digitale, la protezione dei dati e la privacy diventano sempre più critiche. Le aziende dovranno investire in soluzioni di cybersecurity avanzate e garantire la conformità con le normative sulla protezione dei dati per mantenere la fiducia dei clienti e prevenire violazioni.

14. **Salute Digitale**: L'integrazione della tecnologia nel settore sanitario sta rivoluzionando la cura dei pazienti, la diagnosi e la gestione delle malattie. L'uso di app, wearable e telemedicina sono esempi di come la tecnologia può migliorare l'accesso e la qualità delle cure sanitarie.

15. **Educazione Online e Apprendimento Continuo**: L'apprendimento online e la formazione continua diventano essenziali per mantenere le competenze aggiornate in un mercato del lavoro in continua evoluzione. Piattaforme di educazione online come Coursera e Udemy stanno guadagnando popolarità, e le aziende stanno investendo nella formazione e sviluppo dei dipendenti.

16. **Economia dell'Abbonamento**: L'adozione di modelli di business basati sull'abbonamento è in crescita in diversi settori, dai media allo streaming video, al software. Questo modello consente flussi di ricavi ricorrenti e la creazione di relazioni a lungo termine con i clienti.

17. **Collaborazione e Partnership Strategiche**:
La collaborazione tra aziende, start-up,
università e istituti di ricerca può accelerare
l'innovazione e l'accesso a nuovi mercati. Le
partnership strategiche diventano fondamentali
per condividere risorse, competenze e rischi.

18. **Inclusione e Diversità**: L'inclusione e la
diversità diventano sempre più importanti per la
cultura aziendale. Le aziende stanno
riconoscendo il valore della diversità di pensiero
e stanno adottando pratiche per promuovere
l'uguaglianza e l'inclusione nel luogo di lavoro.

19. **Agritech e Sviluppo Sostenibile**:
L'innovazione nel settore agricolo è essenziale
per affrontare sfide come la sicurezza alimentare
e i cambiamenti climatici. La tecnologia può
contribuire a migliorare la produttività, ridurre
gli sprechi e promuovere pratiche agricole
sostenibili.

20. **Urbanizzazione e Città Intelligenti**:
L'urbanizzazione continua ad accelerare, e le città
intelligenti utilizzano la tecnologia per migliorare
la qualità della vita, ottimizzare l'uso delle risorse
e gestire la crescita in modo sostenibile.
Queste tendenze delineano un quadro futuro di
continua trasformazione, dove la capacità di
adattarsi, innovare e mantenere la responsabilità
sociale ed etica determineranno il successo nel
mercato globale. Ogni azienda,

indipendentemente dal settore, dovrà navigare in questo ambiente complesso, considerando l'impatto di queste tendenze sul proprio modello di business e strategia operativa.

Sicuramente, continuerò ad approfondire il tema delle tendenze future e delle prospettive nel mondo degli affari, esplorando ulteriori dinamiche e sviluppi emergenti:

21. **Intelligenza Artificiale e Automazione**: L'IA e l'automazione continuano a maturare, offrendo alle aziende strumenti sempre più avanzati per ottimizzare i processi, ridurre i costi e migliorare l'esperienza del cliente. Questa evoluzione tecnologica richiede una riflessione sui possibili impatti etici e sociali, come la perdita di posti di lavoro e questioni di privacy.

22. **Blockchain e Tecnologie DLT**: Le tecnologie di ledger distribuito come la blockchain stanno trovando applicazioni in diversi settori oltre alle criptovalute, inclusi la finanza, la sanità, la supply chain e la gestione dei diritti digitali. Queste tecnologie promettono maggiore trasparenza, sicurezza e tracciabilità delle transazioni.

23. **Energia Rinnovabile e Transizione Energetica**: La crescente preoccupazione per i cambiamenti climatici e la sostenibilità sta spingendo verso un cambiamento radicale nel

settore energetico. L'investimento in fonti di energia rinnovabile e tecnologie di stoccaggio dell'energia sono in crescita, e l'elettrificazione dei trasporti sta guadagnando terreno.

24. **Personalizzazione e Customizzazione**: L'aspettativa dei consumatori per prodotti e servizi personalizzati sta alimentando l'innovazione in vari settori. La tecnologia permette una maggiore customizzazione in settori come l'abbigliamento, l'alimentazione e l'istruzione, migliorando la soddisfazione del cliente.

25. **Biotech e Genomica**: I progressi nelle scienze della vita, nella biotecnologia e nella genomica stanno rivoluzionando la medicina, l'agricoltura e la biologia sintetica. La possibilità di modificare il DNA e di sviluppare terapie genetiche apre nuove frontiere etiche e terapeutiche.

26. **Sviluppo Sostenibile e Economia Circolare**: La necessità di un modello economico più sostenibile sta guidando l'adozione di pratiche di economia circolare. La riduzione dei rifiuti, il riciclo e il riutilizzo diventano imperativi per le aziende che cercano di minimizzare il loro impatto ambientale e rispondere alle aspettative dei consumatori.

27. **Sicurezza Alimentare e Agricoltura Sostenibile**: La crescente domanda di cibo e la necessità di pratiche agricole sostenibili stanno guidando l'innovazione nel settore agricolo. La precision farming, l'agricoltura urbana e le proteine alternative sono solo alcune delle soluzioni emergenti.

28. **Turismo Sostenibile e Esperienziale**: Il settore del turismo sta evolvendo verso modelli più sostenibili e orientati all'esperienza. Il turismo esperienziale, l'ecoturismo e il turismo culturale stanno guadagnando popolarità, mentre le destinazioni e le aziende turistiche si adoperano per ridurre il loro impatto ambientale.

29. **Mobilità del Futuro e Veicoli Autonomi**: La mobilità urbana è in fase di radicale trasformazione, con lo sviluppo di veicoli autonomi, droni, hyperloop e altre soluzioni di trasporto innovative. Questi cambiamenti pongono nuove sfide in termini di infrastrutture, regolamentazioni e sicurezza.

30. **Invecchiamento della Popolazione e Assistenza Sanitaria**: L'aumento dell'aspettativa di vita e l'invecchiamento della popolazione globale creano nuove sfide e opportunità nel settore sanitario. La telemedicina, la medicina preventiva e la digital health sono strategie chiave per affrontare queste sfide.

Questi sviluppi evidenziano l'importanza per le aziende di rimanere all'avanguardia, anticipando le tendenze e adattandosi proattivamente ai cambiamenti del mercato e alle esigenze dei consumatori. La capacità di innovare e di integrare responsabilmente le nuove tecnologie sarà fondamentale per il successo a lungo termine.

In conclusione, esaminare attentamente le tendenze future e le prospettive è fondamentale per qualsiasi entità aziendale che aspira a prosperare in un ambiente di mercato in continuo cambiamento e altamente competitivo. L'analisi delle tendenze emergenti offre la possibilità di anticipare le trasformazioni del mercato, di adattare la propria strategia di business e di rimanere un passo avanti rispetto alla concorrenza.

Tra le tendenze più significative, l'Intelligenza Artificiale, la Blockchain, la transizione energetica e i progressi nel campo della biotecnologia rappresentano fattori di cambiamento che possono ridefinire interi settori industriali, creando nuove opportunità di mercato, ma anche sfide in termini di adattabilità e conformità normativa. È essenziale per le imprese comprendere come queste tendenze influenzeranno non solo la propria industria, ma anche la società nel suo complesso, poiché la responsabilità sociale d'impresa è sempre più al centro delle aspettative dei consumatori e degli stakeholder.

Inoltre, l'attenzione crescente verso la sostenibilità e lo sviluppo sostenibile implica un ripensamento profondo delle pratiche aziendali correnti. L'adozione di un modello di economia circolare, l'implementazione di pratiche agricole e turistiche sostenibili, così come l'innovazione nel campo della mobilità, sono essenziali per ridurre l'impatto ambientale e rispondere alle esigenze di una società sempre più consapevole e esigente.

La crescente domanda di personalizzazione e la trasformazione dei modelli di consumo richiedono una maggiore flessibilità e la capacità di offrire prodotti e servizi su misura, mantenendo al contempo elevati standard qualitativi e etici. Questo è particolarmente rilevante in settori come la salute, dove l'invecchiamento della popolazione e le crescenti aspettative in termini di assistenza sanitaria stanno modellando nuovi paradigmi e opportunità di business.

In sintesi, navigare attraverso queste tendenze future e prospettive richiede una visione strategica, una profonda comprensione del contesto socio-economico e tecnologico, e la volontà di innovare e adattarsi continuamente. Le imprese che riusciranno ad anticipare e abbracciare questi cambiamenti saranno meglio posizionate per creare valore nel lungo termine, costruire relazioni solide con i clienti e gli stakeholder, e contribuire in modo significativo alla costruzione di un futuro sostenibile e inclusivo.

23. Concorrenza e Differenziazione

La concorrenza e la differenziazione sono due concetti fondamentali nel mondo degli affari e rappresentano elementi chiave per il successo di un'impresa in un mercato saturato e competitivo. La concorrenza è l'interazione tra aziende che operano nello stesso settore e che lottano per acquisire quote di mercato, clienti e risorse. Essa può essere diretta, quando le aziende offrono prodotti o servizi simili, o indiretta, quando competono per soddisfare lo stesso bisogno con soluzioni diverse. In un ambiente di mercato in cui la concorrenza è intensa, le aziende devono continuamente adattarsi, innovare e migliorare la loro offerta per mantenere e accrescere la loro posizione sul mercato.
La differenziazione, d'altro canto, è la strategia mediante la quale un'azienda cerca di

distinguersi dalla concorrenza, offrendo prodotti o servizi unici, di qualità superiore o personalizzati, oppure attraverso il branding, il marketing e il servizio clienti. Una strategia di differenziazione efficace può permettere all'azienda di stabilire un vantaggio competitivo, giustificare prezzi premium, e creare una lealtà di marca tra i consumatori.

Nel contesto attuale, caratterizzato da cambiamenti tecnologici rapidi e dalla globalizzazione dei mercati, la concorrenza si è intensificata e ha assunto nuove forme. L'e-commerce, le piattaforme digitali e l'Intelligenza Artificiale hanno abbattuto le barriere all'ingresso, permettendo a nuovi attori di emergere e sfidare le aziende tradizionali. Inoltre, l'accesso a informazioni dettagliate sui consumatori ha reso il marketing e la pubblicità più mirati e personalizzati, aumentando la pressione competitiva.

Per fare fronte a queste sfide, le aziende devono essere proattive nella ricerca di nuove opportunità di differenziazione. L'innovazione di prodotto, l'adozione di tecnologie emergenti, la sostenibilità ambientale e sociale, e l'esperienza del cliente sono diventati fattori chiave per distinguersi dalla concorrenza. L'attenzione alla responsabilità sociale d'impresa e l'adozione di pratiche etiche possono, inoltre, contribuire a costruire un'immagine di marca positiva e a instaurare relazioni di fiducia con i clienti e gli stakeholder.

In conclusione, la capacità di comprendere la dinamica della concorrenza e di implementare strategie di differenziazione efficaci è essenziale per la sopravvivenza e il successo a lungo termine delle aziende nel mercato odierno. Mantenere un approccio innovativo, essere attenti alle esigenze e ai valori dei consumatori, e costruire relazioni solide sono tutti elementi che possono contribuire a consolidare la posizione di un'azienda in un ambiente competitivo e in continua evoluzione.

Nel contesto della concorrenza e differenziazione, la percezione del valore da parte del cliente riveste un ruolo centrale. Le aziende, per rimanere competitive, devono comprendere in profondità quali sono i bisogni, le aspettative e le preferenze dei loro target di mercato, e strutturare la loro offerta in modo da massimizzare il valore percepito. Ciò può includere non solo la qualità e le caratteristiche del prodotto o servizio, ma anche aspetti quali il servizio clienti, la reputazione del brand, e la responsabilità sociale.

Inoltre, in un'era caratterizzata da un accesso semplificato alle informazioni e da una maggiore consapevolezza dei consumatori, le aziende devono essere trasparenti e autentiche nelle loro comunicazioni e nelle loro azioni. Qualsiasi tentativo di manipolare o ingannare i consumatori può essere rapidamente scoperto e diffuso, danneggiando la reputazione dell'azienda e la fiducia dei clienti.

Un altro aspetto cruciale della differenziazione è la personalizzazione. Con l'avvento delle tecnologie digitali e dei big data, le aziende hanno la possibilità di raccogliere e analizzare enormi quantità di dati sui consumatori, permettendo loro di personalizzare l'offerta e la comunicazione in modo sempre più preciso. Questa personalizzazione può contribuire a creare un legame più stretto tra l'azienda e il cliente, aumentando la lealtà e la propensione a spendere.

Oltre alla personalizzazione, l'innovazione continua è un altro pilastro della differenziazione. In mercati saturi e in rapido cambiamento, le aziende che riescono a innovare costantemente, sia in termini di prodotti che di processi, hanno maggiori possibilità di distinguersi dalla concorrenza e di rimanere rilevanti agli occhi dei consumatori.

L'innovazione può riguardare non solo l'aspetto tecnologico, ma anche il modello di business, la catena del valore, e le partnership strategiche.

In un panorama sempre più globalizzato, anche l'internazionalizzazione può essere vista come una forma di differenziazione. Le aziende che espandono la loro presenza in diversi mercati possono beneficiare di economie di scala, di un accesso a nuovi segmenti di clientela e di una diversificazione del rischio. Tuttavia, l'internazionalizzazione porta anche sfide significative, tra cui la necessità di adattarsi a culture, normative e dinamiche di mercato diverse.

Infine, la sostenibilità ambientale e sociale è diventata un elemento sempre più importante della differenziazione. I consumatori moderni sono sempre più attenti all'impatto che i prodotti e le aziende hanno sul pianeta e sulla società, e molte aziende stanno rispondendo a questa tendenza integrando pratiche sostenibili in ogni aspetto della loro attività. La sostenibilità, quindi, non è più solo una questione etica, ma è diventata un vero e proprio fattore competitivo.

La concorrenza e la differenziazione nel mondo degli affari sono anche fortemente influenzate dalle dinamiche del mercato digitale e dall'evoluzione tecnologica. In un'era in cui la presenza online è cruciale, le strategie di marketing digitale e la gestione della reputazione online sono diventate centrali per distinguersi dalla concorrenza. Le aziende stanno investendo significativamente in SEO, contenuti di qualità, social media marketing e altre tattiche digitali per attirare e mantenere la clientela.

Inoltre, l'esperienza del cliente è diventata un campo di battaglia chiave per le aziende. Offrire un'esperienza cliente eccellente, sia online che offline, può essere un fattore determinante per acquisire e mantenere la lealtà del cliente. Ciò include la facilità d'uso dei siti web e delle app, il servizio clienti, la personalizzazione e la capacità di risolvere rapidamente eventuali problemi. Le aziende che non riescono a soddisfare le aspettative dei clienti in termini di esperienza rischiano di perdere terreno rispetto ai concorrenti che lo fanno.

La gestione della catena del valore è un altro aspetto che può creare differenziazione. Le aziende che ottimizzano e innovano la loro catena del valore possono ridurre i costi, migliorare l'efficienza e, di conseguenza, offrire prodotti e servizi a prezzi più competitivi o con margini di profitto maggiori. L'approvvigionamento sostenibile, la produzione snella e l'uso efficiente delle risorse sono tutti fattori che possono contribuire a creare un vantaggio competitivo.

In parallelo, la proprietà intellettuale è un elemento cruciale della differenziazione. Le aziende investono ingenti risorse in ricerca e sviluppo per creare prodotti, servizi e tecnologie brevettabili che possano offrire vantaggi unici e non facilmente replicabili dalla concorrenza. La protezione legale di idee e innovazioni attraverso brevetti, marchi e diritti d'autore è fondamentale per mantenere un vantaggio competitivo nel lungo termine.

Le collaborazioni strategiche e le alleanze possono anche essere un modo per le aziende di differenziarsi e rafforzare la loro posizione nel mercato. Attraverso partnership con altre aziende, istituzioni di ricerca o entità governative, le aziende possono accedere a nuove risorse, competenze e mercati, che possono a loro volta aprire nuove opportunità di crescita e differenziazione.

Nel contesto della globalizzazione, la comprensione e l'adattamento alle differenze culturali sono fondamentali per il successo internazionale. Le aziende che entrano in nuovi mercati devono essere sensibili alle norme, ai valori e ai comportamenti locali, e adattare di conseguenza i loro prodotti, servizi e strategie di comunicazione. La capacità di operare con successo in diversi contesti culturali può essere un fattore chiave di differenziazione in un mercato globale.

Infine, la capacità di anticipare e adattarsi ai cambiamenti nel comportamento dei consumatori, nelle tendenze di mercato e nel contesto economico e politico può essere un elemento distintivo. Le aziende che sono proattive piuttosto che reattive, e che sono in grado di navigare con successo attraverso l'incertezza e la volatilità, sono meglio posizionate per mantenere e costruire la loro competitività nel tempo.

L'intelligenza competitiva e l'analisi del mercato rappresentano ulteriori dimensioni fondamentali nel quadro della concorrenza e della differenziazione. Le aziende oggi investono sempre più in strumenti e tecnologie che consentano loro di monitorare le mosse dei concorrenti, analizzare tendenze e previsioni di mercato e raccogliere insight dai consumatori. Questa analisi continua permette alle imprese di identificare opportunità e minacce, sviluppare strategie proattive e reattive e, quindi, mantenere un vantaggio competitivo.

Inoltre, l'importanza della sostenibilità ambientale e sociale nella differenziazione non può essere sottovalutata. I consumatori moderni sono sempre più consapevoli delle questioni ambientali e sociali e, di conseguenza, tendono a preferire aziende che dimostrano un impegno verso la sostenibilità. L'adozione di pratiche commerciali etiche, l'investimento in iniziative green e l'impegno nella responsabilità sociale possono non solo migliorare l'immagine di un'azienda, ma anche portare a benefici economici a lungo termine.

La differenziazione attraverso il design e l'innovazione è un altro aspetto cruciale. Un design unico e accattivante può rendere un prodotto o servizio distintivo agli occhi dei consumatori, mentre l'innovazione continua in termini di caratteristiche, funzionalità e tecnologia può mantenere l'interesse del cliente e generare fedeltà al marchio. L'attenzione al design e l'investimento in ricerca e sviluppo sono quindi essenziali per costruire e mantenere un vantaggio competitivo.

La creazione di brand forti e distintivi è altresì vitale in un mercato saturo. La costruzione di un marchio riconoscibile, affidabile e associato a valori positivi può aiutare a distinguere un'azienda dai suoi concorrenti e a instaurare un legame emotivo con i consumatori. Le strategie di branding dovrebbero essere coerenti e riflettere la missione, la visione e i valori dell'azienda, contribuendo a creare un'identità unica e distintiva.

Un ulteriore elemento che gioca un ruolo chiave nella differenziazione è la gestione delle relazioni con i clienti (CRM). Le aziende che sviluppano relazioni solide e durature con i loro clienti sono in grado di creare valore attraverso la fedeltà del cliente e il passaparola positivo. L'uso di tecnologie CRM avanzate permette alle aziende di personalizzare le interazioni con i clienti, migliorare il servizio clienti e gestire efficacemente le informazioni sui clienti, contribuendo a ottimizzare la soddisfazione del cliente e a costruire relazioni a lungo termine. La flessibilità e l'adattabilità operativa sono anche essenziali per mantenere la competitività in un ambiente di mercato in costante evoluzione. Le aziende devono essere in grado di adattarsi rapidamente ai cambiamenti nelle condizioni di mercato, alle fluttuazioni della domanda e alle nuove opportunità. La capacità di modificare le operazioni, i processi produttivi e le strategie commerciali in modo agile e tempestivo può essere un fattore distintivo nel mantenere un vantaggio competitivo.

In sintesi, la differenziazione nel panorama commerciale odierno è un compito complesso che richiede l'attenzione a numerosi fattori, dall'innovazione e la sostenibilità alla gestione delle relazioni con i clienti e alla flessibilità operativa. Le aziende che riescono a navigare con successo in questo ambiente complesso e a differenziarsi in modo efficace sono quelle che probabilmente prospereranno nel lungo termine.

Nell'ambito della concorrenza e della differenziazione, un ruolo essenziale è rappresentato dalla capacità delle aziende di creare e mantenere un forte posizionamento nel mercato. Questo implica la definizione chiara di un'offerta di valore unico che attragga e soddisfi i bisogni dei consumatori, differenziandosi così dai concorrenti. La creazione di una proposta di valore distintiva può derivare dalla superiorità del prodotto, dall'eccellenza del servizio clienti, dall'efficienza operativa o da un modello di business innovativo.

L'analisi SWOT (Strengths, Weaknesses, Opportunities, Threats) è uno strumento cruciale per le aziende che cercano di distinguersi. Questa analisi permette alle imprese di identificare i propri punti di forza e di debolezza interni, nonché le opportunità e le minacce esterne, facilitando quindi la formulazione di strategie efficaci per ottenere un vantaggio competitivo. La personalizzazione è un ulteriore aspetto fondamentale della differenziazione. In un mercato sempre più affollato, offrire prodotti e servizi personalizzati può aiutare le aziende a soddisfare le esigenze specifiche dei clienti, a costruire relazioni più strette e a incrementare la lealtà del brand. Le tecnologie digitali, come l'intelligenza artificiale e l'analisi dei dati, sono strumenti preziosi per permettere alle aziende di personalizzare l'offerta in modo scalabile ed efficiente.

Altro elemento chiave è la trasparenza. In un'era in cui i consumatori sono sempre più informati e esigenti, le aziende devono essere trasparenti riguardo le loro pratiche commerciali, la provenienza dei materiali, i processi produttivi e l'impatto ambientale. La trasparenza può rafforzare la fiducia dei consumatori, migliorare la reputazione dell'azienda e contribuire alla costruzione di un marchio etico e responsabile. L'importanza della differenziazione si estende anche al mondo online. La presenza digitale, il marketing online, i social media e l'e-commerce sono diventati canali indispensabili per raggiungere i consumatori, promuovere prodotti e servizi e costruire la brand awareness. Una strategia digitale ben pianificata e integrata può ampliare la portata dell'azienda, migliorare l'engagement dei clienti e generare conversioni, contribuendo così al successo a lungo termine dell'impresa.

Le alleanze strategiche e le partnership possono anche contribuire alla differenziazione. Collaborare con altre aziende, enti di ricerca o organizzazioni non profit può permettere alle imprese di accedere a nuove competenze, tecnologie o mercati, di condividere risorse e rischi e di sviluppare prodotti o servizi innovativi.

Le partnership possono quindi essere un mezzo efficace per acquisire un vantaggio competitivo e per differenziarsi nel mercato.

Infine, ma non meno importante, il prezzo rimane un fattore decisivo nella concorrenza. Una strategia di prezzo ottimizzata può influenzare la percezione del valore da parte dei consumatori, attrarre segmenti di mercato specifici e influenzare la quota di mercato. Che si tratti di adottare una strategia di prezzo premium, di penetrazione o di scontistica, la definizione del giusto equilibrio tra prezzo e valore è cruciale per la differenziazione e il successo commerciale.

In conclusione, le strategie di concorrenza e differenziazione sono multiformi e interconnesse, richiedendo un approccio olistico e dinamico da parte delle aziende per adattarsi, innovare e prosperare in un ambiente commerciale sempre più complesso e competitivo.

La concorrenza e la differenziazione nel panorama imprenditoriale odierno sono concetti centrali e fondamentali per il successo e la crescita di un'azienda. La capacità di un'organizzazione di distinguersi in un mercato saturo è intrinsecamente legata alla sua abilità di comprendere le dinamiche di mercato, di anticipare i bisogni dei consumatori e di innovare costantemente.

Concludendo, è vitale sottolineare che la differenziazione non è un processo statico ma dinamico. Le aziende devono essere pronte ad adattare e riformulare le loro strategie di differenziazione in risposta alle mutate condizioni di mercato, ai cambiamenti nei comportamenti dei consumatori e all'evoluzione della tecnologia e dell'innovazione. Questo richiede una continua analisi del mercato, una profonda comprensione del proprio target di consumatori e un impegno costante nell'innovazione e nel miglioramento del prodotto.

Inoltre, l'efficacia delle strategie di differenziazione è strettamente legata alla coerenza del brand e alla qualità dell'esperienza cliente. Le aziende devono assicurarsi che ogni punto di contatto con il cliente rifletta e rafforzi la propria identità di marca e i propri valori, creando così un'esperienza omogenea e distintiva che soddisfi e superi le aspettative dei clienti.

La sostenibilità è diventata anche un fattore chiave di differenziazione. Le aziende sono sempre più chiamate a dimostrare responsabilità ambientale, sociale ed economica, e quelle che riescono a integrare pratiche sostenibili nei loro modelli di business possono guadagnare un vantaggio competitivo significativo. La sostenibilità non è più solo un "nice to have", ma è diventata una necessità e un aspettativa da parte dei consumatori, degli investitori e delle parti interessate.

L'importanza della differenziazione è ancor più accentuata in un contesto globale, dove le aziende non solo competono con i rivali locali, ma anche con attori internazionali. La capacità di adattarsi e di rispondere alle differenze culturali, legislative e di mercato è fondamentale per il successo internazionale e richiede una strategia di differenziazione ben pensata e culturalmente sensibile.

Infine, l'analisi competitiva e il monitoraggio continuo della concorrenza sono essenziali per identificare nuove opportunità di differenziazione e per reagire prontamente alle minacce competitive. Le aziende devono rimanere vigili, essere pronte ad apprendere dai propri concorrenti e ad adattare le proprie strategie per mantenere e rafforzare il proprio posizionamento di mercato.

Queste riflessioni concludono l'analisi sul tema della concorrenza e differenziazione, sottolineando l'importanza di un approccio strategico, innovativo e olistico per creare valore unico e sostenibile nel contesto imprenditoriale contemporaneo.

24. Analisi SWOT della Grande Distribuzione

L'analisi SWOT (Strengths, Weaknesses, Opportunities, Threats) è uno strumento strategico utilizzato per identificare i punti di forza, debolezza, opportunità e minacce di un'azienda o settore. Nel contesto della Grande Distribuzione, questa analisi può offrire spunti preziosi per capire le dinamiche di mercato e formulare strategie efficaci. Ecco un esempio di analisi SWOT per la Grande Distribuzione:

1. **Punti di Forza (Strengths):**
   - **Economie di Scala:** La Grande Distribuzione può sfruttare economie di scala grazie ai grandi volumi di acquisto, riducendo i costi e offrendo prezzi competitivi ai consumatori.
   - **Varietà di Prodotti:** L'ampia gamma di prodotti disponibili permette di soddisfare una vasta clientela e di adattarsi rapidamente alle esigenze del mercato.
   - **Presenza Capillare:** La diffusione capillare dei punti vendita rende la Grande Distribuzione facilmente accessibile ai consumatori.
2. **Punti di Debolezza (Weaknesses):**
   - **Marginalità Ridotta:** La concorrenza sui prezzi può erodere i margini di profitto,

rendendo il settore sensibile alle fluttuazioni economiche.

- **Dipendenza dai Fornitori:** L'elevato volume di acquisti può creare dipendenza da certi fornitori, rendendo la Grande Distribuzione vulnerabile a problemi di approvvigionamento.
- **Rischi Legati alla Reputazione:** Eventuali problemi di qualità o scandali possono danneggiare la reputazione delle catene della Grande Distribuzione, con conseguenze a lungo termine.

3. **Opportunità (Opportunities):**
   - **E-commerce:** Lo sviluppo dell'e-commerce offre nuove opportunità di vendita e di fidelizzazione della clientela.
   - **Sostenibilità:** L'integrazione di pratiche sostenibili nella catena di approvvigionamento può creare un vantaggio competitivo e attrarre consumatori consapevoli.
   - **Personalizzazione dell'Offerta:** L'uso di tecnologie come l'analisi dei dati può permettere di personalizzare l'offerta e migliorare l'esperienza del cliente.

4. **Minacce (Threats):**
   - **Concorrenza Online:** La crescente popolarità delle piattaforme di e-commerce rappresenta una seria minaccia per i retailer tradizionali.
   - **Cambiamenti nei Comportamenti di Acquisto:** L'evoluzione delle abitudini dei consumatori può influire sulla domanda di prodotti e servizi offerti dalla Grande Distribuzione.
   - **Fluttuazioni Economiche:** Crisi economiche o incertezze possono ridurre il potere d'acquisto dei consumatori e impattare negativamente sulle vendite.

Questa analisi SWOT evidenzia le sfide e le opportunità che la Grande Distribuzione deve affrontare in un mercato in continua evoluzione. La comprensione di questi fattori è fondamentale per formulare strategie che permettano di sfruttare le opportunità e mitigare i rischi, assicurando così la crescita e la sostenibilità del settore.

La Grande Distribuzione, in un contesto caratterizzato da rapidi cambiamenti e innovazioni, deve essere pronta a reinterpretare le proprie strategie basandosi su un'analisi SWOT dinamica e attenta alle nuove tendenze. Un elemento chiave in questo scenario è la digitalizzazione. Le tecnologie digitali, dai big data alla blockchain, stanno modificando le dinamiche della distribuzione, offrendo nuovi strumenti per ottimizzare la supply chain, migliorare l'interazione con i clienti e aumentare l'efficienza operativa.

Un'altra considerazione riguarda l'importanza della Responsabilità Sociale d'Impresa. Le aziende della Grande Distribuzione possono trovare nel comportamento etico e sostenibile un vero punto di forza. I consumatori sono sempre più attenti all'impatto ambientale e sociale dei prodotti che acquistano, e le catene di distribuzione che promuovono pratiche responsabili possono guadagnarsi la fiducia e la lealtà della clientela.

La diversificazione dell'offerta è un ulteriore elemento da esplorare. Oltre a diversificare la gamma di prodotti, è essenziale considerare anche l'introduzione di servizi aggiuntivi, come la consegna a domicilio, i punti fedeltà o le partnership con altre aziende, che possono contribuire a creare un'esperienza d'acquisto unica e coinvolgente per il cliente.

Non meno importante è la capacità di anticipare e adattarsi ai cambiamenti demografici e socio-culturali. L'evoluzione delle preferenze e dei bisogni dei consumatori, così come l'emergere di nuovi segmenti di mercato, richiede una continua revisione dell'assortimento e delle strategie di marketing. Un esempio è la crescente domanda di prodotti biologici, etici o locali, che rappresenta un'opportunità per la Grande Distribuzione di posizionarsi come promotrice di scelte consapevoli e sostenibili.

Anche la gestione delle risorse umane riveste un ruolo cruciale. La formazione e la motivazione del personale sono determinanti per garantire un servizio di qualità e per sviluppare competenze chiave in ambito digitale, commerciale e relazionale. Un team qualificato e soddisfatto contribuisce non solo al successo operativo, ma anche al rafforzamento dell'immagine e della reputazione dell'azienda.

La Grande Distribuzione, inoltre, deve affrontare la concorrenza crescente da parte dei nuovi attori del mercato online. Le piattaforme di e-commerce stanno guadagnando quote di mercato, sfruttando la comodità, la velocità e la personalizzazione dell'offerta. Per contrastare questa tendenza, è fondamentale investire in soluzioni omnicanale, che integrino l'esperienza d'acquisto online e offline, e in strategie di fidelizzazione e engagement dei clienti.

Infine, l'analisi SWOT deve tenere conto delle sfide legislative e normative. Le regolamentazioni in materia di sicurezza alimentare, etichettatura, protezione dei dati e diritti dei consumatori sono in continua evoluzione e richiedono un monitoraggio costante e un adeguamento proattivo delle pratiche aziendali. La conformità alle normative non è solo un obbligo legale, ma può diventare un fattore di differenziazione e un vantaggio competitivo, specie in un'ottica di trasparenza e responsabilità verso i consumatori e la società.

Nell'ambito della Grande Distribuzione, la personalizzazione dell'esperienza di acquisto emerge come un fattore chiave. I clienti desiderano sentirsi riconosciuti e valorizzati, e grazie all'intelligenza artificiale e ai dati comportamentali, le aziende hanno l'opportunità di offrire prodotti e servizi su misura, rafforzando il legame con il consumatore. Questo apre nuove possibilità di creazione di valore, ma pone anche delle sfide in termini di privacy e sicurezza dei dati.
Oltre alla personalizzazione, l'efficienza logistica è un altro punto cruciale. L'ottimizzazione dei flussi di merce, la gestione dei magazzini e la riduzione dei tempi di consegna sono aspetti che incidono significativamente sull'efficacia operativa e sulla soddisfazione del cliente. L'implementazione di tecnologie innovative come i droni, i robot e l'Internet delle Cose (IoT) può

contribuire a migliorare la gestione della logistica e a ridurre i costi.

In questo panorama, anche l'aspetto della sostenibilità ambientale acquisisce sempre più rilevanza. Il ciclo di vita dei prodotti, la riduzione dei rifiuti e l'uso di materiali ecocompatibili sono temi centrali nella percezione del consumatore e nell'immagine dell'azienda. Le iniziative volte a promuovere l'economia circolare e a limitare l'impatto ambientale possono tradursi in un vantaggio competitivo e in un incremento della fidelizzazione.

La resilienza ai shock esterni è un'ulteriore dimensione da esplorare. Eventi come pandemie, crisi economiche o disastri naturali possono avere ripercussioni significative sul settore della distribuzione. L'abilità di prevedere, gestire e adattarsi a tali situazioni è fondamentale per garantire la continuità operativa e mantenere la fiducia dei clienti e dei partner commerciali.

Un altro aspetto rilevante è la collaborazione con le startup e le piccole imprese innovative. L'incubazione di idee e soluzioni innovative, oltre alla creazione di sinergie con giovani imprese, può accelerare il processo di innovazione e aprire nuove strade in termini di prodotti, servizi e modelli di business.

Parallelamente, l'etica e la trasparenza nelle pratiche commerciali e nelle relazioni con fornitori e clienti sono fattori sempre più determinanti. La fiducia è un bene prezioso, e la coerenza tra valori dichiarati e azioni concrete è essenziale per costruire e mantenere relazioni solide e durature.

Infine, la competizione con i mercati internazionali e la capacità di adattarsi a diverse culture e normative sono elementi che influenzano la strategia e la posizione competitiva delle aziende della Grande Distribuzione. La conoscenza delle dinamiche locali, la flessibilità e la capacità di innovare sono essenziali per operare con successo in un contesto globalizzato.

La digitalizzazione è un elemento chiave nell'evoluzione della Grande Distribuzione. Oltre all'e-commerce, l'uso di piattaforme digitali, applicazioni mobili e realtà aumentata stanno cambiando il modo in cui i clienti interagiscono con le aziende e effettuano acquisti. Questa trasformazione digitale non solo amplia le opportunità di vendita ma permette anche di raccogliere dati preziosi sul comportamento dei consumatori, consentendo un'analisi approfondita e l'adattamento delle strategie di marketing in tempo reale.

L'importanza dei social media nella costruzione dell'immagine del brand e nella relazione con il cliente è in continua crescita. Le recensioni online, i commenti e le condivisioni influenzano in modo significativo le decisioni d'acquisto dei consumatori. La gestione della reputazione online e l'interazione proattiva con la community sono diventate competenze essenziali per le aziende della Grande Distribuzione.

Inoltre, l'evoluzione delle tecnologie blockchain offre nuove prospettive nella tracciabilità dei prodotti e nella gestione delle transazioni. Questa tecnologia può garantire maggiore trasparenza e sicurezza, riducendo i rischi di frodi e migliorando l'efficienza della catena di fornitura.

La crescente attenzione verso i prodotti locali e l'origine delle materie prime rappresenta un'altra tendenza in atto. I consumatori sono sempre più informati e sensibili alle questioni etiche e ambientali, e richiedono prodotti che rispecchiano questi valori. La certificazione di origine, la produzione a km zero e la promozione di prodotti tipici locali possono costituire un importante fattore di differenziazione.

In questo scenario, anche la formazione e l'aggiornamento del personale diventano cruciali. La velocità del cambiamento tecnologico e la complessità delle nuove sfide richiedono competenze sempre più specifiche e una capacità costante di apprendimento e adattamento. Investire nella formazione del personale e promuovere una cultura aziendale aperta all'innovazione sono passi fondamentali per rimanere competitivi.

Un ulteriore aspetto è la diversificazione dell'offerta. Oltre alla vendita di prodotti, le aziende della Grande Distribuzione stanno esplorando nuovi modelli di business, come la vendita di servizi, l'organizzazione di eventi e esperienze, e la creazione di partnership con altre aziende per offrire pacchetti integrati e valorizzare il proprio brand.

Infine, il tema dell'inclusività e della diversità è sempre più centrale nelle strategie aziendali. La Grande Distribuzione, per la sua natura di interfaccia con un pubblico eterogeneo, ha la responsabilità e l'opportunità di promuovere valori di inclusività e rispetto delle differenze, sia all'interno dell'organizzazione che nelle relazioni con i clienti e la comunità.

Per concludere, l'analisi SWOT della Grande Distribuzione richiede un'attenta considerazione di vari elementi chiave che influenzano il settore. A livello di forze (Strengths), la capacità di adattarsi alle nuove tecnologie, l'ampia copertura di mercato e la diversificazione dell'offerta sono fattori significativi che contribuiscono al successo delle aziende nel settore. L'implementazione di strategie efficaci di e-commerce e l'uso intelligente dei dati dei clienti possono anch'essi essere visti come punti di forza.

Riguardo alle debolezze (Weaknesses), la Grande Distribuzione può essere vulnerabile a rapidi cambiamenti nel comportamento del consumatore e alle fluttuazioni economiche. La gestione delle risorse umane e la formazione del personale sono aree che richiedono attenzione continua, per garantire che i dipendenti siano in grado di soddisfare le esigenze dei clienti in un ambiente in continua evoluzione.

Le opportunità (Opportunities) sono numerose e variegate. L'evoluzione delle tecnologie digitali e la crescente importanza della sostenibilità e dell'etica aziendale offrono nuove possibilità di crescita e differenziazione. L'espansione in nuovi mercati e la creazione di partnership strategiche possono aprire nuovi orizzonti e contribuire al successo a lungo termine.

Tuttavia, le minacce (Threats) non devono essere sottovalutate. La concorrenza è sempre più agguerrita e globale, con nuovi attori che entrano costantemente nel mercato. Le normative e le regolamentazioni possono imporre restrizioni e obblighi aggiuntivi, mentre le crisi economiche e sanitarie, come quella provocata dalla COVID-19, mettono a dura prova la resilienza delle aziende. In definitiva, la Grande Distribuzione si trova di fronte a sfide e opportunità uniche. La capacità di anticipare le tendenze future, di adattarsi rapidamente e di mantenere un forte legame con i clienti sarà cruciale per il successo nel lungo termine. L'integrazione tra innovazione e tradizione, tra globale e locale, tra efficienza e sostenibilità, saranno i pilastri su cui costruire le strategie del futuro per le aziende di questo settore.

25. Casi di Studio e Success Stories

Nell'esplorare casi di studio e success stories nel mondo degli affari, possiamo identificare diversi esempi di aziende che hanno saputo distinguersi attraverso strategie innovative, capacità di adattamento e visione imprenditoriale lungimirante.

1. **Apple Inc.**: Apple è spesso citata come un esempio emblematico di innovazione e design. La compagnia ha rivoluzionato diversi settori, come la musica, la telefonia e l'informatica, attraverso prodotti iconici come iPod, iPhone e MacBook. L'enfasi sulla qualità del design, l'esperienza utente e un ecosistema di prodotti e servizi integrati hanno contribuito al suo successo globale.

2. **Amazon.com**: Partendo come libreria online, Amazon è diventata la più grande piattaforma di e-commerce al mondo, offrendo una vasta

gamma di prodotti e servizi. La compagnia ha saputo diversificarsi, entrando in settori come il cloud computing con Amazon Web Services e l'intrattenimento digitale con Amazon Prime Video.

3. **Tesla, Inc.**: Tesla ha rivoluzionato l'industria automobilistica attraverso l'introduzione di veicoli elettrici ad alte prestazioni. La visione di Elon Musk e l'innovazione continua in termini di tecnologia, design e sostenibilità hanno posizionato Tesla come leader nel settore della mobilità elettrica.

4. **Patagonia**: Questa azienda di abbigliamento outdoor è rinomata per il suo impegno nella sostenibilità e nella responsabilità sociale. Patagonia ha incorporato principi etici in ogni aspetto della sua attività, dall'utilizzo di materiali riciclati alla promozione della conservazione ambientale, guadagnandosi la fedeltà dei consumatori e creando un modello di business sostenibile.

5. **Airbnb**: Airbnb ha reinventato il concetto di alloggio turistico, permettendo agli individui di affittare le proprie abitazioni a viaggiatori di tutto il mondo. L'approccio innovativo e la piattaforma user-friendly hanno contribuito a creare un mercato globale, offrendo un'alternativa alle tradizionali forme di alloggio e generando nuove opportunità economiche.

6. **Beyond Meat**: Beyond Meat è un esempio di successo nel settore alimentare. L'azienda ha sviluppato proteine vegetali alternative alla carne, rispondendo alla crescente domanda di opzioni alimentari più sostenibili e salutari. La sua capacità di replicare sapore e consistenza della carne ha attratto consumatori e investitori, posizionando l'azienda come pioniere nel mercato delle proteine alternative.

Questi casi illustrano come l'innovazione, la visione strategica e l'impegno etico possano contribuire al successo di un'impresa. Le lezioni apprese da queste storie possono offrire ispirazione e orientamento per gli imprenditori e i manager che aspirano a creare valore nel contesto aziendale contemporaneo.

Nel continuare ad esplorare i casi di studio e le success stories, è fondamentale osservare come alcune aziende abbiano utilizzato le loro risorse, competenze e capacità per superare ostacoli e raggiungere obiettivi ambiziosi.

1. **Spotify**: La piattaforma di streaming musicale ha cambiato il modo in cui consumiamo musica, introducendo un modello basato su abbonamento che offre accesso a una vasta biblioteca musicale. La personalizzazione e la scoperta di nuovi brani sono diventate il fulcro

dell'esperienza utente, con playlist e raccomandazioni basate su algoritmi.

2. **Zara**: L'approccio fast-fashion di Zara ha rivoluzionato l'industria della moda. La rapidità nel portare nuovi prodotti sul mercato, rispondendo in tempo reale alle tendenze, ha reso Zara uno dei brand di moda più riconosciuti e di successo al mondo.

3. **Netflix**: Iniziando come servizio di noleggio DVD per posta, Netflix si è trasformata in un gigante dello streaming, producendo contenuti originali e acquisendo diritti esclusivi su film e serie TV. La personalizzazione e la varietà dei contenuti hanno catturato un pubblico globale.

4. **Shopify**: Questa piattaforma di e-commerce ha permesso a innumerevoli piccole imprese di vendere online, fornendo gli strumenti necessari per gestire un negozio virtuale. La facilità d'uso e la flessibilità hanno contribuito alla rapida crescita di Shopify.

5. **Slack**: Slack ha trasformato la comunicazione all'interno delle organizzazioni, introducendo un nuovo modo di collaborare e condividere informazioni. L'interfaccia intuitiva e la possibilità di integrare altre applicazioni hanno reso Slack uno strumento indispensabile per molte aziende.

6. **Square**: Fondata da Jack Dorsey, co-fondatore di Twitter, Square ha reso più accessibili i

pagamenti elettronici per le piccole imprese. La soluzione di pagamento mobile ha eliminato la necessità di costosi terminali POS, facilitando transazioni sicure e efficienti.

7. **Palantir**: Specializzata nell'analisi di dati, Palantir ha sviluppato piattaforme potenti per l'elaborazione e l'analisi di grandi quantità di informazioni, aiutando organizzazioni e governi a prendere decisioni informate e ad agire in modo più efficace.

Queste aziende rappresentano un'ampia varietà di settori e modelli di business, ma tutte condividono la capacità di innovare, adattarsi e capitalizzare sulle opportunità emergenti. Esaminando i loro percorsi e le strategie adottate, si può ottenere una visione più approfondita di come raggiungere il successo in un mercato in continua evoluzione.

Concludendo, l'analisi dei casi di studio e delle success stories è un esercizio cruciale per comprendere a fondo come differenti aziende, operanti in vari settori, abbiano sfruttato innovazione, strategie di mercato, e capacità di adattamento per emergere e prosperare in mercati competitivi e in continua evoluzione. Uno degli aspetti chiave emersi è l'importanza dell'innovazione e della capacità di anticipare o rispondere rapidamente ai cambiamenti del mercato e alle esigenze dei consumatori. Aziende come Netflix e Spotify, ad esempio, hanno rivoluzionato interi settori grazie alla loro capacità di offrire nuovi modelli di consumo e servizi personalizzati, diventando leader indiscussi nei rispettivi campi.

Un altro fattore cruciale è l'abilità nel creare e mantenere un vantaggio competitivo, che può derivare dall'efficienza operativa, dalla qualità del prodotto, dalla brand identity o da una combinazione di questi elementi. Zara, per esempio, ha costruito il suo successo sull'efficienza della supply chain e sulla capacità di interpretare rapidamente le tendenze di mercato, caratteristiche che hanno permesso all'azienda di distinguersi in un settore altamente competitivo.

Inoltre, l'attenzione alle esigenze dei clienti e la capacità di fornire soluzioni efficaci e convenienti sono elementi distintivi delle aziende di successo. Shopify e Square, ad esempio, hanno risposto a specifiche esigenze di mercato offrendo servizi intuitivi e accessibili, facilitando l'ingresso nel mercato elettronico e i pagamenti digitali per piccole imprese e commercianti.

La resilienza e l'adattabilità di fronte alle sfide e ai cambiamenti del mercato sono altresì essenziali. Le aziende devono essere in grado di navigare attraverso crisi, come la pandemia di

COVID-19, e sfruttare le opportunità emergenti, adattando i loro modelli di business e operativi in base alle nuove circostanze e alle mutate esigenze dei consumatori.

Infine, l'esame di queste storie di successo evidenzia l'importanza della visione strategica e della leadership forte. La capacità di anticipare le tendenze future, di prendere decisioni informate e di motivare e guidare le risorse umane sono competenze essenziali per costruire e mantenere un'impresa di successo in un contesto globale e in rapida evoluzione.

In sintesi, lo studio dettagliato di queste storie di successo fornisce preziose lezioni e insight che possono guidare imprenditori, manager e professionisti nella formulazione e nell'implementazione di strategie efficaci per il raggiungimento del successo nel contesto imprenditoriale contemporaneo.

26. Fallimenti e Lezioni Apprese

Esaminando i fallimenti e le lezioni apprese nel mondo imprenditoriale, è evidente che le aziende possono affrontare numerose sfide e difficoltà che possono portare a esiti negativi se non gestite adeguatamente. Tuttavia, anche in situazioni di fallimento, vi sono preziose lezioni da apprendere che possono informare e guidare futuri sforzi imprenditoriali.
Uno degli aspetti critici che emerge è l'importanza di una gestione finanziaria solida. Aziende come Lehman Brothers hanno sperimentato un collasso devastante a causa di pratiche finanziarie rischiose e mancanza di trasparenza, sottolineando l'importanza della prudenza finanziaria e della compliance normativa. Le lezioni apprese da tali fallimenti hanno portato a riforme normative e a una maggiore consapevolezza dell'importanza della gestione del rischio nel settore finanziario. L'importanza di comprendere e rispondere alle esigenze dei consumatori è un altro tema chiave. Blockbuster, un tempo leader nel mercato della vendita e noleggio di film, ha subito una rapida decadenza a causa della sua incapacità di adattarsi all'ascesa della digitalizzazione e dei servizi di streaming online. La sua storia è un

monito per le aziende sull'importanza di rimanere al passo con le evoluzioni tecnologiche e i cambiamenti nel comportamento dei consumatori.

L'adattabilità e la flessibilità sono qualità essenziali che possono aiutare le aziende a superare sfide inaspettate e a sfruttare nuove opportunità. Kodak, ad esempio, nonostante fosse un pioniere nella tecnologia fotografica, ha lottato con il passaggio all'era digitale e ha eventualmente presentato istanza di fallimento. La sua storia evidenzia la necessità di innovare continuamente e di essere pronti a rinnovarsi per rimanere competitivi.

Inoltre, la gestione delle risorse umane è un fattore fondamentale per il successo di un'azienda. Organizzazioni che non riescono a motivare, coinvolgere e valorizzare il proprio personale possono sperimentare problemi di produttività, turnover e insoddisfazione, che alla fine possono influire negativamente sulle prestazioni aziendali.

Infine, la mancanza di una visione e strategia chiara può essere fatale per le imprese. Le aziende devono avere una comprensione chiara dei loro obiettivi a lungo termine, dei loro punti di forza e debolezza, e dei mercati in cui operano. Una pianificazione e analisi inadeguate possono portare a decisioni sbagliate e perdita di opportunità di mercato.

In conclusione, i fallimenti aziendali forniscono importanti opportunità di apprendimento. Analizzare le cause dei fallimenti e comprendere le lezioni apprese può aiutare imprenditori e manager a evitare errori simili, a sviluppare strategie più resilienti e adattive, e a costruire aziende più forti e sostenibili nel tempo.

Nel continuare a esplorare l'ambito dei fallimenti e delle lezioni apprese, emerge chiaramente come l'ambiente esterno e il contesto di mercato giocano un ruolo significativo nel determinare il successo o il fallimento di un'impresa. L'impatto di fattori macroeconomici, cambiamenti legislativi, dinamiche di concorrenza e l'evoluzione delle preferenze dei consumatori possono alterare profondamente il panorama in cui un'azienda opera, rendendo indispensabile un'analisi ambientale accurata.

La crisi economica del 2008 ha evidenziato come la vulnerabilità a shock economici esterni possa avere effetti devastanti sulle aziende, indipendentemente dalla loro dimensione o dal settore in cui operano. La crisi ha messo in luce l'importanza di mantenere una struttura di bilancio solida, di diversificare le fonti di reddito e di avere piani di contingenza in atto per affrontare periodi di incertezza economica. L'emergenza sanitaria globale del COVID-19 ha ulteriormente messo in risalto la necessità per le aziende di essere resilienti e flessibili. Molte organizzazioni sono state costrette a ripensare i loro modelli di business, a spostarsi verso il commercio elettronico e a trovare nuovi modi per interagire con i clienti. Questa esperienza ha sottolineato l'importanza dell'innovazione continua e della capacità di adattamento nel mantenere la rilevanza e la vitalità in un mondo in rapida evoluzione.

La dinamica del mercato e la concorrenza sono anch'esse determinanti cruciali del successo. Aziende come Yahoo! hanno visto declinare la loro fortuna a causa di una concorrenza accresciuta e della mancata capacità di differenziarsi efficacemente sul mercato. Yahoo! una volta dominava il mondo dei motori di ricerca e dei servizi internet, ma la sua incapacità di innovare e rimanere al passo con le esigenze del mercato l'ha vista superata da concorrenti più agili e orientati al futuro.

Un altro fattore chiave è la reputazione e la percezione del marchio. Le aziende che non gestiscono efficacemente la loro immagine pubblica e non rispondono in modo proattivo alle preoccupazioni dei clienti e delle parti interessate possono subire danni a lungo termine alla loro reputazione. Caso emblematico è quello di Enron, la cui mancanza di etica aziendale e pratiche commerciali scorrette hanno portato al suo collasso e hanno avuto ripercussioni durature sulla fiducia del pubblico nelle aziende.

Inoltre, le aziende devono prestare attenzione all'evoluzione delle tecnologie e all'impatto che possono avere sui modelli di business esistenti. L'ascesa della blockchain, dell'intelligenza artificiale e dell'Internet delle Cose (IoT) sta rivoluzionando settori interi, e le aziende che non riescono ad adottare e integrare queste tecnologie rischiano di essere lasciate indietro.

La sostenibilità è un'altra considerazione sempre più importante. Le aziende che non adottano pratiche sostenibili e non considerano l'impatto ambientale e sociale delle loro operazioni possono affrontare rischi crescenti, sia in termini di conformità normativa che di percezione pubblica. Il crescente impegno verso la sostenibilità da parte di consumatori, investitori e legislatori rende essenziale per le aziende integrare la sostenibilità nelle loro strategie di business.

Infine, la comprensione della cultura organizzativa e il coinvolgimento dei dipendenti sono aspetti essenziali per costruire e mantenere un'organizzazione di successo. La gestione dei talenti, lo sviluppo delle competenze e la creazione di un ambiente di lavoro inclusivo e motivante sono tutti fattori che contribuiscono a migliorare la produttività e la soddisfazione dei dipendenti, e quindi alla resilienza e al successo a lungo termine dell'azienda.

Considerando tutte queste dinamiche, è chiaro che le aziende devono adottare un approccio olistico e multifattoriale per navigare efficacemente nel complesso panorama aziendale odierno e apprendere continuamente dalle sfide e dai fallimenti del passato.

Un ulteriore aspetto da esplorare quando si analizzano fallimenti e lezioni apprese è la gestione dei rischi. Le aziende che non identificano, valutano e mitigano i rischi in modo proattivo possono trovarsi esposte a perdite significative e a danni irreparabili. Ad esempio, la mancata considerazione dei rischi associati ai cambiamenti climatici, come eventi meteorologici estremi e regolamentazioni più severe, può avere impatti diretti e indiretti sulle operazioni aziendali, sulla catena di approvvigionamento e sulla reputazione dell'azienda stessa.

Nello stesso tempo, le questioni legali e di conformità sono diventate sempre più complesse, richiedendo alle aziende di essere sempre aggiornate sulle leggi e le normative vigenti nei mercati in cui operano. La non conformità può comportare sanzioni finanziarie, azioni legali e danni alla reputazione, compromettendo così la fiducia degli stakeholder e influenzando negativamente la performance dell'azienda. Inoltre, nell'era digitale, la sicurezza informatica è diventata una priorità per le aziende di ogni dimensione e settore. I crescenti attacchi informatici e le violazioni di dati mettono a rischio le informazioni sensibili dei clienti e della azienda, con conseguenze finanziarie e reputazionali. Le aziende che non investono adeguatamente in sicurezza informatica e non implementano misure preventive possono subire perdite significative.

Un altro aspetto critico è la gestione delle relazioni con i clienti. L'insoddisfazione del cliente e l'inefficacia nella gestione dei reclami possono portare a perdite di clientela e a recensioni negative, influenzando l'immagine dell'azienda e la sua capacità di attrarre nuovi clienti. Le aziende che non pongono il cliente al centro della loro strategia e non investono in servizio clienti e relazioni possono riscontrare difficoltà nel mantenere e aumentare la loro quota di mercato.

La capacità di prevedere e adattarsi ai cambiamenti del mercato è fondamentale. L'innovazione continua e l'anticipazione delle tendenze di mercato permettono alle aziende di rimanere competitive e di creare prodotti e servizi che soddisfano le crescenti aspettative dei consumatori. Le aziende che non riescono a innovare e adattarsi possono perdere terreno rispetto ai concorrenti più agili e reattivi.

In aggiunta, la gestione finanziaria e la pianificazione strategica sono elementi chiave per la stabilità e la crescita aziendale. Le aziende che non gestiscono efficacemente le risorse finanziarie e non pianificano in modo proattivo possono incontrare difficoltà nel sostenere le operazioni e nell'investire in nuove opportunità.

Infine, la cultura aziendale e il coinvolgimento dei dipendenti continuano a essere fattori determinanti per il successo a lungo termine. Le aziende che non valorizzano i loro dipendenti e non promuovono un ambiente di lavoro positivo possono riscontrare un alto turnover, una bassa motivazione e una ridotta produttività.

In sintesi, considerare e analizzare attentamente tutti questi elementi e apprendere dalle esperienze passate è essenziale per evitare fallimenti e per garantire la resilienza e il successo delle aziende nel contesto dinamico e competitivo attuale.

Un altro elemento chiave nei fallimenti e nelle lezioni apprese è la capacità delle aziende di gestire e prevenire conflitti interni. Le dispute tra membri del team, fra reparti diversi o tra la leadership e il personale possono erodere la coesione aziendale, diminuire la produttività e contribuire a creare un ambiente di lavoro tossico. Le aziende che apprendono da queste situazioni investono nella formazione sulla gestione dei conflitti e promuovono la comunicazione e la collaborazione a tutti i livelli.

La sostenibilità è un altro tema centrale nel panorama attuale. Le aziende che non integrano pratiche sostenibili nei loro modelli di business possono affrontare crescenti pressioni da parte degli stakeholder, degli investitori e dei consumatori. La mancanza di iniziative sostenibili può inoltre limitare l'accesso a nuovi mercati e ridurre la competitività dell'azienda. Le lezioni apprese in questo ambito spingono le aziende ad adottare strategie a lungo termine per ridurre l'impatto ambientale e promuovere la responsabilità sociale.

La digitalizzazione è un altro aspetto fondamentale. Nel contesto attuale, caratterizzato da rapidi progressi tecnologici, le aziende che non abbracciano la digitalizzazione possono rimanere indietro. La mancanza di competenze digitali, la resistenza al cambiamento e l'assenza di investimenti in tecnologia possono limitare la capacità dell'azienda di competere e innovare. Imparare da queste sfide incoraggia le aziende a sviluppare competenze digitali e ad adottare soluzioni tecnologiche avanzate.

Inoltre, la gestione del capitale umano è essenziale. Le aziende che non valorizzano e sviluppano il talento possono riscontrare difficoltà nel reperimento e nella ritenzione dei migliori talenti. L'assenza di piani di sviluppo professionale, la mancanza di opportunità di carriera e la non equità salariale possono contribuire ad alimentare l'insoddisfazione dei dipendenti e a influire negativamente sulla performance aziendale.

La flessibilità strategica rappresenta un ulteriore fattore cruciale. Le aziende devono essere in grado di adattarsi rapidamente a cambiamenti imprevisti del mercato, a nuove opportunità o a sfide emergenti. Una pianificazione rigida e una mancanza di agilità possono rendere difficile per un'azienda navigare in un ambiente di business in evoluzione e possono portare a perdite finanziarie e a fallimenti.

Infine, l'importanza dell'intelligenza emotiva nella leadership non può essere sottovalutata. I leader che non mostrano empatia, che non comunicano efficacemente e che non motivano i loro team possono contribuire alla disaffezione dei dipendenti e a un calo della morale, che a sua volta può influire negativamente sui risultati aziendali.

Tutte queste considerazioni evidenziano la complessità della gestione aziendale e l'importanza di imparare continuamente dalle sfide e dai fallimenti per costruire organizzazioni resilienti e di successo.

Concludendo, il punto relativo a "Fallimenti e Lezioni Apprese" è di vitale importanza per ogni azienda che aspira a crescere e prosperare in un ambiente di business in continua evoluzione. Le organizzazioni devono adottare un approccio proattivo per identificare e analizzare i fallimenti, accogliendo questi momenti come opportunità preziose per imparare e migliorare.

L'attenzione alla gestione dei conflitti interni, l'implementazione di pratiche sostenibili, l'adozione della digitalizzazione, la valorizzazione del capitale umano, la flessibilità strategica e lo sviluppo dell'intelligenza emotiva nella leadership sono tutte aree chiave che, se trascurate, possono portare a fallimenti aziendali. Al contrario, se affrontate con cura, possono trasformarsi in pilastri di successo e crescita.

Le aziende devono inoltre sviluppare una cultura organizzativa che favorisca la comunicazione aperta e onesta, promuovendo un ambiente in cui i dipendenti si sentano valorizzati e ascoltati. La creazione di un ambiente di lavoro inclusivo e supportivo può aiutare a prevenire la disaffezione e a migliorare la produttività e la soddisfazione dei dipendenti.

Un approccio sistematico e ben strutturato alla gestione del rischio è altresì indispensabile. L'abilità di anticipare, identificare e mitigare i rischi può aiutare le aziende a navigare con successo attraverso le sfide del mercato e a evitare errori costosi. Inoltre, una profonda comprensione del mercato, dei concorrenti e delle esigenze dei clienti è fondamentale per sviluppare strategie efficaci e per adattarsi alle dinamiche in continua evoluzione del settore. Infine, è essenziale che le lezioni apprese siano integrate nel DNA dell'azienda attraverso la formazione continua, la revisione dei processi e la creazione di meccanismi di feedback. Solo adottando un approccio olistico all'apprendimento organizzativo, le aziende possono sperare di trasformare i fallimenti in opportunità, promuovendo l'innovazione, migliorando la competitività e costruendo un futuro sostenibile e prospero.

In sintesi, la riflessione sui fallimenti e l'apprendimento dalle lezioni derivate sono componenti irrinunciabili per il progresso aziendale. Rappresentano la chiave per evolvere, adattarsi e prosperare in un mondo imprenditoriale sempre più complesso e sfidante.

27. Ruolo delle Tecnologie Emergenti (Blockchain, IA, ecc.)

Il ruolo delle tecnologie emergenti, come la Blockchain, l'Intelligenza Artificiale (IA), l'Internet delle Cose (IoT), e altre, è fondamentale nel plasmare il futuro del business e nel dare forma a nuovi paradigmi operativi e di mercato. Queste tecnologie sono diventate motori di innovazione, creando opportunità senza precedenti per le aziende di vari settori.

1. **Blockchain:** La Blockchain offre trasparenza, sicurezza e decentralizzazione. In molti settori, dalla finanza alla sanità, questa tecnologia permette di tracciare le transazioni e garantire l'integrità dei dati. Le aziende stanno esplorando il suo uso per migliorare la supply chain, ridurre i costi e prevenire le frodi.

2. **Intelligenza Artificiale (IA):** L'IA è in grado di analizzare dati complessi, riconoscere pattern e prendere decisioni. Viene utilizzata per ottimizzare i processi aziendali, migliorare il

servizio clienti attraverso chatbot e assistenti virtuali, rilevare frodi e predire tendenze di mercato. L'IA può anche supportare l'innovazione di prodotto e la personalizzazione delle offerte.

3. **Internet delle Cose (IoT):** L'IoT connette dispositivi fisici a Internet, permettendo loro di comunicare tra di loro e con gli utenti. Questa connettività sta rivoluzionando settori come la manifattura, l'agricoltura e la sanità, attraverso la monitorizzazione in tempo reale, la manutenzione predittiva e la raccolta di dati su larga scala.

4. **Realta' Aumentata e Virtuale (AR/VR):** AR e VR stanno trovando applicazioni in formazione, marketing, progettazione di prodotti e servizi di assistenza. Ad esempio, permettono ai clienti di visualizzare i prodotti in un ambiente virtuale prima dell'acquisto o ai tecnici di ricevere assistenza remota.

5. **5G:** La quinta generazione di tecnologia mobile sta abilitando la comunicazione in tempo reale e l'elaborazione dei dati ad alta velocità. Questo sta dando vita a nuove opportunità nell'ambito dell'IoT, dei veicoli autonomi, della telemedicina e molto altro.

6. **Robotica e Automazione:** L'adozione di robot e soluzioni di automazione sta migliorando l'efficienza operativa, riducendo i costi e

eliminando errori umani. In particolare, la robotica collaborativa sta permettendo una maggiore interazione e cooperazione tra umani e macchine.

Le tecnologie emergenti stanno ridefinendo il modo in cui le aziende operano, competono e creano valore. La capacità di adottare e integrare queste tecnologie può determinare il successo o il fallimento nel mercato attuale. Tuttavia, è fondamentale che le aziende affrontino le sfide etiche, di privacy e di sicurezza associate all'adozione di tali tecnologie, al fine di garantire un progresso sostenibile e responsabile.

Il ruolo delle tecnologie emergenti è profondamente radicato nello sviluppo e nel progresso di molteplici settori industriali e commerciali. Le potenzialità offerte da queste tecnologie sono immense e si stanno espandendo in modi innovativi e rivoluzionari.

- **Cloud Computing:** Il Cloud Computing ha modificato il modo in cui le aziende archiviano, accedono e condividono i dati. Offre scalabilità, flessibilità e risparmio dei costi, permettendo alle organizzazioni di rispondere rapidamente alle esigenze del mercato e di implementare nuove soluzioni.
- **Big Data e Analytics:** L'analisi dei Big Data consente alle aziende di estrapolare informazioni

preziose dai dati per ottimizzare le operazioni, prendere decisioni informate e creare prodotti o servizi personalizzati. Gli strumenti di analytics sono essenziali per comprendere le tendenze del mercato e il comportamento dei consumatori.

- **Cybersecurity:** Con la crescente digitalizzazione, la sicurezza delle informazioni è diventata una preoccupazione centrale. Le soluzioni di cybersecurity sono essenziali per proteggere dati sensibili, prevenire attacchi informatici e assicurare la continuità operativa.
- **Tecnologie Verdi:** L'adozione di tecnologie sostenibili e verdi sta diventando cruciale per ridurre l'impronta ecologica delle aziende. Le energie rinnovabili, i materiali biodegradabili e le soluzioni di efficienza energetica sono solo alcune delle innovazioni che stanno guidando la transizione verso un'economia verde.
- **Biotech e Nanotech:** Le biotecnologie e le nanotecnologie stanno apportando cambiamenti significativi in campi come la medicina, l'agricoltura e la produzione di materiali. Queste tecnologie possono contribuire allo sviluppo di trattamenti medici avanzati, cibi più nutritivi e materiali più resistenti.
- **Additive Manufacturing:** La stampa 3D sta rivoluzionando la produzione, permettendo la realizzazione di oggetti complessi, la

personalizzazione di massa e la riduzione dei tempi di produzione e dei costi.

- **Digital Twin:** La tecnologia Digital Twin consente di creare una replica digitale di un oggetto o sistema fisico. Questo permette di monitorare, analizzare e simulare situazioni in un ambiente virtuale, ottimizzando la manutenzione e la gestione delle risorse. L'incorporamento di queste tecnologie nelle strategie aziendali non è soltanto una scelta proattiva, ma sta diventando un imperativo. Le aziende devono rimanere vigili e adattarsi rapidamente all'evoluzione tecnologica per mantenere la competitività e soddisfare le crescenti aspettative dei clienti. Inoltre, è importante considerare le implicazioni etiche e sociali di queste tecnologie e promuovere un approccio responsabile e inclusivo allo sviluppo tecnologico.

- **Intelligenza Artificiale (IA) e Machine Learning:** Queste tecnologie stanno rivoluzionando numerosi settori attraverso la capacità di apprendere e prendere decisioni. Nella grande distribuzione, l'IA è utilizzata per l'analisi predittiva delle vendite, l'ottimizzazione dei prezzi, la gestione delle scorte e l'assistenza ai clienti tramite chatbot. Il machine learning, in particolare, è fondamentale per il riconoscimento dei modelli e l'analisi del comportamento dei consumatori.

- **Blockchain:** La blockchain sta trovando applicazioni ben oltre le criptovalute. Nel settore della distribuzione, può essere utilizzata per tracciare l'origine e la provenienza dei prodotti, garantendo trasparenza e fiducia nei consumatori. Inoltre, può semplificare le transazioni e ridurre i costi attraverso smart contract.

- **Realta' Aumentata e Virtuale (AR/VR):** L'AR e la VR stanno cambiando l'esperienza di acquisto, offrendo ai clienti la possibilità di visualizzare i prodotti in un ambiente tridimensionale o di provare virtualmente vestiti e accessori. Queste tecnologie contribuiscono anche alla formazione del personale e alla progettazione dei punti vendita.

- **Internet delle Cose (IoT):** L'IoT consente la connessione di dispositivi fisici alla rete, raccogliendo dati e offrendo nuove possibilità di interazione. Nella grande distribuzione, può essere utilizzato per monitorare le condizioni di conservazione dei prodotti, gestire l'illuminazione e il climatizzazione dei negozi, e offrire servizi personalizzati ai clienti tramite dispositivi mobili.

- **Automazione e Robotica:** L'automazione dei processi e l'uso di robot stanno riducendo i tempi e i costi di gestione. I robot possono essere impiegati per il riordino delle merci, l'inventario e la consegna, mentre l'automazione può semplificare le operazioni di cassa e il servizio clienti.

- **5G:** La quinta generazione di tecnologia mobile sta migliorando la velocità e l'affidabilità delle connessioni internet. Questo è fondamentale per supportare l'implementazione di tecnologie avanzate come l'IoT, l'AR/VR e l'automazione, oltre a migliorare l'esperienza di acquisto online e in negozio.

- **Economia Circolare:** L'adozione di modelli di business circolari è fondamentale per ridurre l'impatto ambientale della grande distribuzione. Questo include il riciclaggio, il riuso e la riduzione dei rifiuti, così come l'incoraggiamento al consumo responsabile.

L'importanza di rimanere aggiornati sulle evoluzioni tecnologiche e di integrarle in modo efficace nelle strategie aziendali è cruciale per la sostenibilità e il successo a lungo termine nel settore della grande distribuzione. Questo implica anche la necessità di investire in formazione e sviluppo delle competenze dei lavoratori e di considerare le implicazioni sociali ed etiche dell'adozione di nuove tecnologie.

- **Big Data e Analytics:** L'impiego di Big Data e Analytics è fondamentale per analizzare grandi volumi di dati in tempo reale. Questo permette ai rivenditori di ottenere informazioni preziose sui comportamenti d'acquisto, preferenze e tendenze dei consumatori, permettendo di personalizzare offerte e servizi, migliorare la gestione delle scorte e ottimizzare i prezzi.

- **Cybersecurity:** Con l'aumento della digitalizzazione, la protezione dei dati dei clienti e delle transazioni diventa sempre più cruciale. Investire in soluzioni di cybersecurity robuste è essenziale per prevenire violazioni dei dati e garantire la fiducia dei clienti.

- **E-Commerce e Piattaforme Online:** L'espansione delle piattaforme di e-commerce è una tendenza inarrestabile, con sempre più consumatori che preferiscono acquistare online. La grande distribuzione deve adattarsi a questa realtà, migliorando la presenza online, ottimizzando la logistica e integrando soluzioni omnicanale.

- **Sostenibilità e Responsabilità Sociale:** L'adozione di pratiche sostenibili e responsabili è sempre più richiesta dai consumatori. Questo comporta il ricorso a fonti di energia rinnovabile, la riduzione dell'uso di plastica, l'implementazione di programmi di responsabilità sociale aziendale e la promozione di prodotti eco-compatibili.

- **Droni e Veicoli Autonomi:** L'utilizzo di droni e veicoli autonomi per la consegna di merci sta diventando sempre più concreto. Queste tecnologie possono ridurre i costi di spedizione, aumentare l'efficienza e ridurre l'impatto ambientale delle consegne.

- **Personalizzazione e CRM:** Le soluzioni di Customer Relationship Management (CRM) e la personalizzazione sono essenziali per costruire relazioni durature con i clienti. Questo include programmi fedeltà, offerte personalizzate, e comunicazione diretta, per incrementare la retention dei clienti e il valore del lifetime value.

- **Digital Twin:** La tecnologia dei Digital Twin permette di creare una replica virtuale di un prodotto, processo o servizio. Questo aiuta nella simulazione, analisi e controllo, permettendo di testare nuove strategie e ottimizzare le operazioni senza interferire con il sistema fisico.

- **Stampa 3D:** La stampa 3D offre nuove possibilità nella produzione e nella personalizzazione di prodotti, permettendo di ridurre i costi e i tempi di produzione, e di offrire soluzioni su misura ai clienti.

- **Pagamenti Digitali e Criptovalute:** L'aumento dei pagamenti digitali e l'introduzione di criptovalute come metodo di pagamento introducono nuove modalità di transazione, riducendo i costi e aumentando la sicurezza e la velocità delle transazioni.

Queste tendenze ed evoluzioni tecnologiche delineano un panorama in continuo cambiamento, dove la grande distribuzione deve navigare con saggezza per rimanere competitiva e soddisfare le crescenti aspettative dei consumatori. La capacità di adattamento e l'innovazione sono quindi chiavi essenziali per il successo nel settore.

La valutazione dell'impatto e dell'implementazione delle tecnologie emergenti nel settore della grande distribuzione è cruciale per il suo sviluppo futuro e la sua resilienza. Per concludere, è opportuno sottolineare alcuni aspetti chiave e suggerire alcune strategie per il futuro:

1. **Adattabilità e Innovazione:** La velocità con cui emergono nuove tecnologie implica che la grande distribuzione deve rimanere agile e adattabile. L'innovazione continua, l'adozione di nuove soluzioni tecnologiche e l'anticipazione delle tendenze possono creare un vantaggio competitivo sostanziale.

2. **Investimento e Formazione:** L'investimento in nuove tecnologie è fondamentale, ma è altrettanto importante investire nella formazione

del personale. Ciò assicura che i dipendenti siano in grado di utilizzare efficacemente le nuove tecnologie, ottimizzando così i benefici e riducendo i rischi.

3. **Sicurezza e Etica:** Mentre si esplorano le potenzialità delle nuove tecnologie, la sicurezza dei dati e la considerazione delle implicazioni etiche sono fondamentali. La fiducia dei consumatori può essere facilmente compromessa e, pertanto, deve essere salvaguardata attraverso pratiche responsabili e trasparenti.

4. **Sostenibilità:** La sostenibilità è un driver chiave nel comportamento dei consumatori moderni. L'integrazione di tecnologie che contribuiscono alla sostenibilità ambientale e sociale può non solo migliorare l'immagine dell'azienda, ma anche aprire nuove opportunità di mercato.

5. **Collaborazione e Partnership:** La formazione di partnership con start-up tecnologiche, istituti di ricerca e altre imprese può accelerare l'adozione di tecnologie emergenti. Questo approccio collaborativo può anche aiutare a condividere i rischi e le opportunità associati all'innovazione.

6. **Analisi e Valutazione Continua:** L'implementazione di qualsiasi nuova tecnologia dovrebbe essere accompagnata da un'analisi costante del suo impatto e della sua efficacia.

Questo consente di apportare aggiustamenti in tempo reale e assicura che l'investimento generi il ritorno desiderato.

7. **Esperienza del Cliente:** Infine, ogni adozione di tecnologia emergente dovrebbe essere valutata in termini del suo impatto sull'esperienza del cliente. La tecnologia dovrebbe servire a migliorare l'interazione del cliente con l'azienda, soddisfare le sue esigenze e superare le sue aspettative.

In sintesi, mentre le tecnologie emergenti offrono immense opportunità per la grande distribuzione, è essenziale che l'adozione di queste tecnologie sia attentamente pianificata, eticamente responsabile e orientata alla creazione di valore sia per l'azienda che per i clienti. Il futuro della grande distribuzione è inestricabilmente legato alla sua capacità di integrare con successo le innovazioni tecnologiche in un panorama sempre più dinamico e orientato al cliente.

28. Impatto sulla Comunità Locale

L'impatto della grande distribuzione sulla comunità locale è multiforme e riveste una notevole importanza. Per valutare appieno tale impatto, è essenziale esplorare vari aspetti tra cui l'economia locale, l'occupazione, l'ambiente e il tessuto sociale.

1. **Economia Locale:** La grande distribuzione può influenzare significativamente l'economia locale. Da un lato, l'arrivo di grandi catene commerciali può aumentare la concorrenza, a volte mettendo a rischio le piccole imprese locali. D'altro canto, può stimolare l'economia attraverso la creazione di posti di lavoro e l'aumento del flusso di clienti nella zona.

2. **Occupazione:** La creazione di posti di lavoro è uno degli impatti più immediati. Tuttavia, è importante valutare la qualità dell'occupazione offerta, in termini di salari, condizioni di lavoro e opportunità di crescita professionale.

3. **Ambiente:** L'impatto ambientale della grande distribuzione è significativo. Le scelte relative alla sostenibilità, alla gestione dei rifiuti, all'uso di risorse e alle emissioni di CO_2 influenzano l'ambiente locale e, in ultima analisi, la qualità della vita nella comunità.

4. **Integrazione Sociale:** La grande distribuzione può contribuire a formare il tessuto sociale, offrendo spazi di incontro e servizi alla comunità. Le iniziative di responsabilità sociale d'impresa (CSR) possono migliorare la vita della comunità e creare un legame positivo tra l'impresa e i residenti locali.

5. **Accesso a Prodotti e Servizi:** La varietà e la disponibilità di prodotti e servizi possono aumentare, migliorando l'accesso a beni diversificati e a prezzi competitivi. Ciò può essere particolarmente vantaggioso nelle aree meno servite.

6. **Impatto sul Commercio Locale:** La concorrenza con i piccoli commercianti locali è un tema critico. Mentre alcuni commerci locali possono soffrire, altri possono beneficiare da un aumento del traffico nella zona.

7. **Contributo Fiscale:** Le grandi imprese contribuiscono in modo significativo alle entrate fiscali locali, che possono essere reinvestite in servizi pubblici e infrastrutture, beneficiando così l'intera comunità.

8. **Cultura e Identità Locale:** La presenza della grande distribuzione può influire sulla cultura e sull'identità locale. Da un lato, può portare alla standardizzazione e alla perdita di specificità locali; dall'altro, può offrire opportunità per promuovere prodotti e tradizioni locali.

Per concludere, l'impatto della grande distribuzione sulla comunità locale è complesso e multifacetico. È essenziale che sia i decisori pubblici che le imprese stesse siano consapevoli delle conseguenze delle loro attività e operino in modo responsabile e sostenibile, per creare un equilibrio tra sviluppo economico e benessere della comunità. Dialogo, collaborazione e impegno per la sostenibilità e il benessere sociale sono alla base di un rapporto costruttivo tra la grande distribuzione e la comunità locale.

L'impatto della grande distribuzione sulla comunità locale è un tema così ricco e multidimensionale che si estende ben oltre i punti sopracitati. Si entrelacia con dinamiche socio-economiche, ambientali e culturali, riflettendo le molteplici sfaccettature della vita comunitaria.

9. **Educazione del Consumatore:** La grande distribuzione gioca un ruolo chiave nell'educare i consumatori riguardo ai prodotti che acquistano. Le etichette informative, le campagne di sensibilizzazione e i programmi di fidelizzazione possono influenzare le abitudini di acquisto e il livello di consapevolezza dei consumatori sulla sostenibilità e sul consumo responsabile.

10. **Sviluppo Urbano:** La localizzazione dei grandi centri commerciali può determinare

cambiamenti significativi nel tessuto urbano e nelle dinamiche di mobilità. L'urbanizzazione, l'aumento del traffico e le modifiche ai piani regolatori possono alterare l'equilibrio urbano e la vivibilità delle città.

11. **Relazioni con i Fornitori:** Le relazioni tra la grande distribuzione e i fornitori locali sono fondamentali. L'adozione di pratiche commerciali eque e la promozione di prodotti locali possono stimolare l'economia locale e sostenere la produzione di piccola scala.

12. **Innovazione e Tecnologia:** L'introduzione di tecnologie innovative nei processi operativi e nelle strategie di vendita può avere ripercussioni sulla comunità locale, stimolando l'innovazione e creando nuove opportunità professionali.

13. **Salute Pubblica:** La grande distribuzione influisce sulla salute pubblica attraverso la disponibilità e la promozione di alimenti sani, l'adeguamento agli standard igienici e la sensibilizzazione su stili di vita salutari.

14. **Inclusione Sociale:** L'accessibilità e la disponibilità di beni e servizi possono contribuire all'inclusione sociale, in particolare nelle aree svantaggiate, dove la presenza della grande distribuzione può colmare lacune nell'offerta commerciale.

15. **Governance e Regolamentazione:**
L'interazione con le autorità locali e il rispetto
delle normative influenzano l'impatto sulla
comunità. La collaborazione con gli enti pubblici
è fondamentale per assicurare un'integrazione
armoniosa nel tessuto locale.

16. **Responsabilità Sociale:** Le iniziative di
responsabilità sociale, come il sostegno a progetti
comunitari e la filantropia, possono migliorare la
percezione dell'impresa e contribuire al
benessere della comunità.

17. **Turismo e Attrattività Territoriale:** La
presenza di grandi strutture commerciali può
attrarre visitatori da altre aree, contribuendo allo
sviluppo del turismo locale e alla valorizzazione
del territorio.

Ogni aspetto elencato influisce sul rapporto tra la
grande distribuzione e la comunità locale,
creando un sistema interconnesso di opportunità
e sfide. La gestione consapevole di queste
dinamiche è cruciale per assicurare un
coesistenza equilibrata e mutuamente
vantaggiosa.

Concludendo, è innegabile che la grande distribuzione detenga un ruolo predominante nel modellare il tessuto socio-economico e culturale delle comunità locali. Dall'analisi condotta, emerge chiaramente come le sue attività si intreccino in modo inextricabile con diverse sfere della vita quotidiana e comunitaria.

Innanzitutto, si evidenzia l'impatto significativo sulla economia locale. La grande distribuzione può agire come catalizzatore per lo sviluppo economico, stimolando l'occupazione, favorendo la crescita di aziende locali attraverso partnership e, allo stesso tempo, incrementando la concorrenza. Tuttavia, questo impatto non è sempre positivo: la pressione sui prezzi e le condizioni di mercato possono mettere a rischio la sopravvivenza delle piccole imprese locali e modificare l'equilibrio del mercato.

In termini di sviluppo urbano, l'insediamento di grandi strutture commerciali altera inevitabilmente la geografia delle città e delle comunità, modificando le dinamiche di mobilità e potenzialmente innescando processi di gentrificazione. È quindi fondamentale una pianificazione urbana accurata e una collaborazione stretta con le autorità locali per minimizzare gli impatti negativi.

Dal punto di vista della salute pubblica e dell'educazione del consumatore, la grande distribuzione ha l'opportunità e la responsabilità di promuovere scelte consapevoli e stili di vita sani. La trasparenza, l'etichettatura chiara dei prodotti e la promozione di alimenti equilibrati sono tutti aspetti cruciali in questo contesto. L'inclusione sociale è un altro pilastro su cui la grande distribuzione può costruire un rapporto costruttivo con la comunità locale. Fornire accesso a beni e servizi essenziali nelle aree più svantaggiate, sostenere progetti di integrazione e inclusione, sono tutte iniziative che possono contribuire a ridurre le disuguaglianze e migliorare la coesione sociale.

Infine, l'innovazione, la tecnologia e le iniziative di responsabilità sociale rappresentano aree strategiche attraverso cui la grande distribuzione può plasmare il proprio impatto sulla comunità, stimolando lo sviluppo sostenibile, creando nuove opportunità e rafforzando il legame con il territorio.

In sintesi, mentre la grande distribuzione porta con sé numerosi benefici potenziali per le comunità locali, i rischi e le sfide non sono trascurabili. È imperativo che le aziende operino con consapevolezza, responsabilità e un impegno genuino verso la sostenibilità e il benessere delle comunità in cui sono inserite. Solo attraverso un approccio equilibrato e inclusivo, basato sul dialogo e la collaborazione con tutte le parti interessate, è possibile costruire un futuro armonioso e prospero.

29. Modelli di Business e Strategie Competitive

I modelli di business e le strategie competitive nella grande distribuzione sono essenziali per navigare in un mercato dinamico e altamente competitivo. Le aziende nel settore adottano diversi approcci e strategie per distinguersi, attirare e mantenere la clientela, e rimanere rilevanti in un ambiente in costante evoluzione.

1. **Differenziazione dei Prodotti**:
   - Le aziende cercano di offrire prodotti unici e di alta qualità, spesso con marchi propri, per distinguersi dalla concorrenza e creare una propria identità di marca.
2. **Pricing Competitivo**:
   - Il posizionamento sui prezzi è cruciale. Alcune aziende adottano una strategia di cost leadership, offrendo prodotti a prezzi bassi, mentre altre si posizionano come premium, concentrando l'attenzione sulla qualità e il valore aggiunto.
3. **Esperienza Cliente**:
   - L'investimento nell'esperienza del cliente è fondamentale. Ciò include un servizio clienti eccellente, ambienti di acquisto

piacevoli, programmi fedeltà e personalizzazione dell'offerta.

4. **Omnichannel e Digitalizzazione**:
   - Il settore della grande distribuzione sta abbracciando sempre più l'omnicanalità, integrando esperienze di acquisto online e offline e investendo in piattaforme digitali e tecnologie emergenti per migliorare l'accessibilità e la comodità.

5. **Sostenibilità e Responsabilità Sociale**:
   - Un crescente numero di consumatori è attento alle pratiche sostenibili e etiche. Le aziende stanno rispondendo attraverso l'adozione di pratiche eco-friendly, l'offerta di prodotti sostenibili e l'implementazione di iniziative di responsabilità sociale.

6. **Innovazione e Adattabilità**:
   - L'innovazione è chiave in un mercato in rapido cambiamento. Le aziende devono essere pronte ad adattarsi, sperimentando nuovi formati di negozio, tecnologie, e modalità di interazione con i clienti.

7. **Espansione Geografica e Diversificazione**:
   - L'espansione in nuovi mercati e la diversificazione dell'offerta permettono alle aziende di ridurre i rischi e di accedere a nuovi segmenti di clientela.

8. **Partnership e Collaborazioni**:
   - Le alleanze strategiche, le partnership e le collaborazioni con altre aziende possono aprire nuove opportunità, migliorare l'offerta e accrescere la competenza nel mercato.
9. **Efficienza Operativa**:
   - L'ottimizzazione delle operazioni e della supply chain è essenziale per ridurre i costi, migliorare la disponibilità dei prodotti e offrire un servizio clienti efficace.
10. **Analisi dei Dati e Intelligenza Artificiale**:
    - L'utilizzo avanzato di analisi dei dati e intelligenza artificiale permette di comprendere meglio i comportamenti dei clienti, ottimizzare gli inventari, e personalizzare le strategie di marketing.

In conclusione, l'implementazione e l'integrazione di questi modelli di business e strategie competitive sono vitali per il successo delle aziende nella grande distribuzione. In un ambiente sempre più complesso e sfidante, la capacità di innovare, adattarsi e rispondere alle esigenze del consumatore determinerà la sostenibilità e la crescita nel lungo termine.

Le aziende del settore della grande distribuzione continuano ad esplorare nuovi modelli di business e strategie competitive per rimanere all'avanguardia. L'ambiente di mercato è fluido, e le esigenze dei consumatori sono in costante evoluzione, richiedendo un approccio proattivo e innovativo.

Integrazione Verticale: Le aziende stanno esplorando l'integrazione verticale, controllando maggiormente la supply chain dall'inizio alla fine. Questo non solo permette una maggiore coerenza e qualità dei prodotti, ma anche una riduzione dei costi e un miglior controllo sulle operazioni.

Customer Engagement: Investire nel coinvolgimento dei clienti attraverso community online, eventi esclusivi e programmi di fidelizzazione avanzati sta diventando sempre più centrale. Il coinvolgimento attivo dei clienti contribuisce a costruire un legame più forte con il marchio, stimolando la fedeltà e la ritenzione.

Micro-Targeting e Personalizzazione: Le tecniche di micro-targeting, basate sull'analisi dei big data e sulla learning machine, permettono di offrire promozioni e prodotti su misura per i singoli consumatori, aumentando la rilevanza e l'efficacia delle campagne marketing.

Sviluppo di Marchi Privati: La creazione e la promozione di marchi privati permettono alle aziende di offrire prodotti esclusivi, aumentando la differenziazione e la margine di profitto. Questi prodotti sono spesso posizionati come alternative di alta qualità rispetto ai marchi nazionali.

Agilità e Scalabilità: L'abilità di scalare rapidamente e adattarsi ai cambiamenti del mercato è essenziale. L'implementazione di piattaforme tecnologiche flessibili e l'adozione di metodologie agili possono aiutare le aziende a rispondere prontamente alle nuove opportunità e sfide.

Economia Circolare: L'integrazione di principi di economia circolare nelle operazioni e nei prodotti contribuisce a ridurre l'impatto ambientale e a rispondere alla crescente domanda dei consumatori per prodotti sostenibili e responsabili.

Strategie di Localizzazione: L'adattamento dell'offerta ai gusti e alle preferenze locali può essere un fattore chiave di successo nei nuovi mercati. Ciò può includere l'offerta di prodotti locali, la personalizzazione del marketing e l'adattamento delle esperienze in-store.

Investimento in R&D: L'investimento continuo in ricerca e sviluppo è fondamentale per mantenere un vantaggio competitivo. Ciò include lo sviluppo di nuovi prodotti, l'adozione di nuove tecnologie e l'innovazione nei processi operativi.

Esplorazione di Nuovi Canali di Distribuzione: Le aziende sono sempre alla ricerca di nuovi canali di distribuzione per raggiungere i consumatori in modi innovativi. Ciò può includere l'espansione in nuovi formati di negozio, la sperimentazione di modelli di vendita diretti al consumatore e la collaborazione con piattaforme di e-commerce.

Educazione del Consumatore: Educare i consumatori sui valori del marchio, sulla qualità dei prodotti e sull'impegno per la sostenibilità può aiutare a costruire una reputazione positiva e a stimolare la domanda.

Attraverso l'esplorazione e l'adozione di queste strategie e modelli, le aziende della grande distribuzione cercano di navigare in un mercato in evoluzione, anticipando le tendenze, soddisfando le aspettative dei consumatori e costruendo un futuro sostenibile e prospero.

Digitalizzazione e Tecnologia: In risposta alla crescente prevalenza delle tecnologie digitali, molte aziende stanno rafforzando la loro presenza online e sviluppando app e siti web intuitivi e user-friendly. La digitalizzazione non solo migliora l'efficienza operativa, ma offre anche nuove opportunità per la personalizzazione e l'engagement dei clienti attraverso canali digitali. L'integrazione di intelligenza artificiale, analisi predittive e blockchain offre ulteriori possibilità per ottimizzare la supply chain, prevedere le tendenze dei consumatori e garantire la trasparenza e la tracciabilità dei prodotti.

Sostenibilità e Responsabilità Sociale: L'attenzione crescente verso la sostenibilità sta spingendo le aziende a riconsiderare le loro pratiche operative e la loro catena di approvvigionamento. L'adozione di packaging eco-compatibili, la riduzione dell'impronta di carbonio e il sostegno a iniziative sociali locali sono solo alcune delle strategie implementate per costruire un'immagine di marca responsabile e etica. Inoltre, molte aziende stanno esplorando collaborazioni con organizzazioni no-profit e enti di certificazione per validare i loro sforzi in ambito di sostenibilità.

Omnichannel Retailing: L'evoluzione delle aspettative dei consumatori ha reso l'approccio omnicanale una necessità per la grande distribuzione. La combinazione di esperienze di acquisto online e offline mira a offrire ai consumatori maggiore convenienza e flessibilità. Le aziende stanno implementando tecnologie come il click-and-collect, kioschi digitali in-store e soluzioni di pagamento mobile per creare un'esperienza di acquisto integrata e senza soluzione di continuità.

Diversificazione dell'Offerta: Per mantenere e aumentare la quota di mercato, le aziende stanno costantemente esplorando opportunità di diversificazione. Questo può includere l'espansione in nuove categorie di prodotti, l'ingresso in nuovi segmenti di mercato o la creazione di collaborazioni e partnership strategiche. La diversificazione aiuta a mitigare i rischi associati alla dipendenza da un singolo settore o demografia e può aprire nuove fonti di reddito.

Innovazione nei Servizi: Al di là dei prodotti, l'innovazione nei servizi è un altro pilastro delle strategie competitive. Servizi come la consegna rapida, programmi di abbonamento e opzioni di ritiro flessibili possono contribuire a migliorare la customer experience e a creare un valore aggiunto. Inoltre, l'offerta di servizi complementari, come consulenza nutrizionale o programmi di riciclaggio, può aiutare a differenziare ulteriormente l'offerta e a fidelizzare i clienti.

Focus sulla Salute e il Benessere: Allineandosi alle crescenti tendenze verso uno stile di vita sano, molte aziende stanno ampliando la loro offerta di prodotti biologici, senza glutine, vegan e altre opzioni salutari.

L'educazione dei consumatori e la promozione di scelte alimentari consapevoli stanno diventando parte integrante delle strategie di marketing, con l'obiettivo di posizionare l'azienda come un promotore di salute e benessere.

Analisi dei Dati e Consumer Insights: L'accesso e l'analisi di grandi quantità di dati sui consumatori permettono alle aziende di comprendere meglio le abitudini, le preferenze e il comportamento d'acquisto. Queste informazioni sono fondamentali per sviluppare strategie di marketing efficaci, ottimizzare l'assortimento dei prodotti e prevedere le tendenze future. L'uso avanzato di analytics e algoritmi di machine learning può ulteriormente affinare la capacità delle aziende di prendere decisioni basate sui dati e di personalizzare l'offerta.

Queste dinamiche, insieme alle precedenti, delineano un panorama in continuo movimento, dove la capacità di adattarsi e innovare diventa la chiave per il successo a lungo termine nel settore della grande distribuzione.

Globalizzazione e Adattamento Locale: La grande distribuzione opera spesso su scala globale, cercando di espandere la propria presenza in nuovi mercati. Questo richiede un attento bilanciamento tra l'adattamento alle preferenze locali e il mantenimento di un'identità di marca coerente. Le aziende devono navigare tra diverse normative, culture e abitudini di consumo, e spesso creano assortimenti di prodotti specifici per rispondere alle esigenze dei consumatori locali.

Integrazione Verticale: L'integrazione verticale è un altro modello di business che molte aziende della grande distribuzione stanno adottando. Controllare l'intera catena del valore, dalla produzione alla distribuzione al dettaglio, permette un maggior controllo sui costi, sulla qualità e sulla disponibilità dei prodotti. Questo modello può anche facilitare l'implementazione di pratiche sostenibili e etiche lungo la catena di approvvigionamento.

Customer Loyalty e Programmi Fedeltà: La creazione e il mantenimento della fedeltà del cliente sono fondamentali per il successo a lungo termine. Le aziende stanno investendo in programmi di fidelizzazione, offrendo sconti, premi e vantaggi esclusivi ai membri. L'analisi dei dati raccolti attraverso questi programmi può offrire preziosi insight sul comportamento dei consumatori e aiutare a personalizzare le offerte e le comunicazioni.

Branding e Posizionamento: Il branding è essenziale per differenziarsi in un mercato competitivo. Le aziende investono significativamente nella costruzione e nel mantenimento di un'immagine di marca forte, che rifletta i valori e la proposta di valore dell'azienda. Il posizionamento strategico sul mercato, attraverso la definizione di un target demografico specifico e la comunicazione efficace dei punti di differenziazione, è cruciale per attrarre e mantenere i clienti.

Private Label e Marchi di Distributore: L'ascesa delle private label è una tendenza significativa nel settore della grande distribuzione. Creando e vendendo prodotti con il proprio marchio, le aziende possono offrire prezzi più competitivi, mantenendo al contempo un margine di profitto più elevato. Questo permette anche un maggiore controllo sulla qualità e sulla produzione, e offre la possibilità di costruire un rapporto diretto con i consumatori.

E-commerce e Logistica: L'espansione dell'e-commerce ha richiesto un'evoluzione delle infrastrutture logistiche. Le aziende stanno sviluppando soluzioni logistiche innovative per gestire le sfide della consegna a domicilio, come i locker per il ritiro dei pacchi, i droni e i veicoli autonomi. L'efficienza logistica è essenziale per mantenere la soddisfazione del cliente e garantire la redditività dell'attività online.

Realizzazione di Esperienze di Acquisto Uniche: Per attirare i consumatori nei punti vendita fisici, la grande distribuzione sta sperimentando formati di negozio innovativi e creando esperienze di acquisto uniche. Questo può includere aree di degustazione, eventi in-store, layout di negozio immersivi e l'integrazione di tecnologie come la realtà aumentata.

Regolamentazioni e Normative: Infine, le aziende devono affrontare un ambiente normativo sempre più complesso e in evoluzione. Adattarsi a nuove normative in materia di etichettatura dei prodotti, sicurezza alimentare, protezione dei dati e sostenibilità è essenziale per operare efficacemente e mantenere la fiducia dei consumatori.

Mentre la grande distribuzione continua a navigare in questo paesaggio complesso e in rapida evoluzione, la capacità di anticipare i cambiamenti, adattarsi e innovare rimarrà centrale per il successo futuro.

Concludendo, la grande distribuzione opera in un ambiente che è continuamente plasmato da una serie di fattori dinamici e interconnessi. L'adozione di modelli di business innovativi e strategie competitive è imperativa per mantenere la rilevanza nel mercato e rispondere efficacemente alle esigenze in continua evoluzione dei consumatori.

In particolare, le aziende del settore devono essere pronte a navigare attraverso le sfide e le opportunità presentate dalla globalizzazione e dall'adattamento locale. L'equilibrio tra il mantenimento di un'identità di marca coerente e l'adattamento alle diverse esigenze dei consumatori in vari mercati è un aspetto cruciale. L'importanza dell'integrazione verticale, il branding, e lo sviluppo di private label sono altresì essenziali per il controllo della catena del valore e la differenziazione nel mercato. Questi elementi, insieme ai programmi di fidelizzazione, giocano un ruolo centrale nel costruire e mantenere relazioni durature con i consumatori, fornendo al contempo preziosi insight per personalizzare le offerte.

Con l'ascesa dell'e-commerce, la grande distribuzione deve anche evolvere le sue infrastrutture logistiche, sviluppando soluzioni innovative per rispondere alle crescenti aspettative dei consumatori in termini di convenienza e velocità di consegna. Allo stesso tempo, la creazione di esperienze di acquisto uniche nei punti vendita fisici rimane fondamentale per attrarre e mantenere la clientela.

Infine, l'adattamento a un ambiente normativo sempre più complesso rappresenta una sfida continua. Le aziende devono rimanere aggiornate e conformi alle ultime regolamentazioni e normative, salvaguardando così la fiducia dei consumatori e mitigando i rischi associati a non conformità.

In sintesi, il paesaggio della grande distribuzione è in continua trasformazione, e le aziende devono adottare un approccio proattivo e innovativo per navigare con successo in questo ambiente dinamico. L'implementazione di strategie competitive e modelli di business flessibili, insieme all'attenzione alle tendenze emergenti e alle esigenze dei consumatori, sarà determinante per il successo a lungo termine in questo settore.

30. Customer Service e Gestione dei Reclami

Il Customer Service e la Gestione dei Reclami sono componenti essenziali per qualsiasi azienda nel settore della grande distribuzione. Queste funzioni sono fondamentali per mantenere la fiducia e la soddisfazione del cliente, oltre che per migliorare continuamente l'offerta di prodotti e servizi.

Customer Service

Il servizio clienti rappresenta il punto di contatto principale tra l'azienda e i consumatori, ed è cruciale per costruire e mantenere relazioni positive. Un efficace servizio clienti deve essere in grado di rispondere prontamente alle domande dei clienti, risolvere problemi, fornire informazioni e assistenza, e gestire eventuali reclami in modo efficiente e professionale.

Le tecnologie moderne, come chatbot, intelligenza artificiale, e piattaforme di comunicazione multicanale, stanno rivoluzionando il modo in cui le aziende interagiscono con i clienti. L'utilizzo di questi strumenti può migliorare la velocità e l'efficacia del servizio clienti, fornendo risposte tempestive e soluzioni personalizzate.

La formazione del personale addetto al servizio clienti è altrettanto importante. I dipendenti devono essere dotati delle competenze necessarie per gestire una varietà di situazioni e devono essere in grado di comunicare in modo chiaro e empatico.

Gestione dei Reclami

La gestione dei reclami è un aspetto particolare del servizio clienti che si occupa di risolvere le lamentele dei consumatori. Un efficace sistema di gestione dei reclami deve essere in grado di identificare, registrare, seguire e risolvere i reclami in modo tempestivo.

È essenziale trattare ogni reclamo come un'opportunità di apprendimento e miglioramento. Analizzando i dati dei reclami, le aziende possono identificare tendenze, isolare aree problematiche e implementare misure correttive per prevenire problemi futuri.

Inoltre, la trasparenza e la comunicazione sono fondamentali nel processo di gestione dei reclami. Le aziende devono tenere i clienti informati sullo stato dei loro reclami e sulle azioni intraprese per risolverli. Un buon rapporto con il cliente durante questo processo può contribuire a rafforzare la relazione e a migliorare la reputazione dell'azienda.

Conclusioni

In conclusione, un eccellente Customer Service e una solida Gestione dei Reclami sono indispensabili per la soddisfazione del cliente e per la competitività nel settore della grande distribuzione. Investire in personale qualificato, tecnologie innovative e processi efficienti può contribuire significativamente al successo a lungo termine dell'azienda e alla sua reputazione nel mercato.

Nel contesto attuale della grande distribuzione, la centralità del Customer Service e della Gestione dei Reclami non può essere sottolineata abbastanza. Con la crescente esigenza di un servizio clienti impeccabile, le aziende stanno esplorando nuove frontiere e adottando strategie innovative.

Evoluzione del Servizio Clienti

L'evoluzione dei canali di comunicazione ha ampliato il panorama del servizio clienti. I social media, ad esempio, sono diventati un canale chiave per l'interazione con i clienti, permettendo un dialogo diretto e bidirezionale. Questo permette alle aziende di ottenere feedback in tempo reale e di rispondere prontamente alle esigenze dei clienti.

La personalizzazione del servizio è un altro aspetto cruciale. Utilizzando i dati dei clienti in modo etico, le aziende possono offrire soluzioni su misura e anticipare le esigenze dei consumatori, creando un'esperienza cliente più gratificante e fidelizzante.

Proattività nella Gestione dei Reclami

La gestione proattiva dei reclami è una strategia emergente. Invece di attendere che i clienti presentino reclami, le aziende stanno adottando approcci proattivi, come monitorare attivamente i social media e altri canali online per individuare e risolvere potenziali problemi prima che escalino.

Inoltre, l'implementazione di sistemi di gestione dei reclami basati sulla tecnologia permette una risoluzione più rapida e efficace delle lamentele. L'automazione può aiutare a categorizzare e inoltrare i reclami al reparto giusto, riducendo i tempi di attesa e migliorando la soddisfazione del cliente.

Formazione Continua e Sviluppo delle Competenze

L'importanza della formazione continua del personale non può essere trascurata. Con il costante sviluppo di nuove tecnologie e aspettative dei clienti, è essenziale che il personale sia adeguatamente formato e aggiornato sulle migliori pratiche del settore. L'empatia e la capacità di ascolto sono competenze fondamentali che ogni addetto al servizio clienti dovrebbe possedere. La formazione in queste aree può contribuire a creare un ambiente più favorevole al dialogo e alla risoluzione dei problemi, migliorando la relazione tra azienda e cliente.

Misurazione della Soddisfazione del Cliente

Adottare metodi efficaci per misurare la soddisfazione del cliente è fondamentale. Questo può includere sondaggi, interviste, e analisi dei dati online. Comprendere ciò che rende felici i clienti e ciò che può essere migliorato è cruciale per il continuo miglioramento del servizio clienti e della gestione dei reclami.

Approccio Olistico

Infine, è fondamentale adottare un approccio olistico. Il Customer Service e la Gestione dei Reclami non sono isolati, ma interconnessi con altre funzioni aziendali, come marketing, vendite, e produzione. L'integrazione e la collaborazione tra questi reparti possono portare a una maggiore coerenza e a un servizio più efficace.

La gestione ottimale del Customer Service e dei Reclami in grande distribuzione non si limita solo all'implementazione di strategie innovative e all'adozione di nuovi canali di comunicazione, ma richiede anche un profondo impegno nell'analisi delle performance e nel miglioramento continuo.

Un aspetto cruciale in questo contesto è la capacità delle aziende di adattarsi rapidamente alle tendenze di mercato e alle esigenze mutevoli dei consumatori. L'adattabilità e la flessibilità sono chiavi per mantenere un alto livello di servizio clienti e per gestire efficacemente i reclami. La valutazione regolare delle procedure interne e la volontà di aggiornare le pratiche obsolete possono contribuire significativamente a questo processo.

L'importanza della tecnologia è incontestabile in questa sfera. L'integrazione di soluzioni tecnologiche avanzate, come la chatbot AI e i sistemi CRM, può migliorare la reattività e l'efficienza del servizio clienti. Tuttavia, è altresì fondamentale mantenere un equilibrio tra automazione e interazione umana, garantendo che la tecnologia non comprometta la qualità del rapporto con il cliente.

Inoltre, la gestione dei dati gioca un ruolo centrale. La raccolta e l'analisi dei dati dei clienti permettono non solo una personalizzazione del servizio, ma anche l'identificazione di aree di miglioramento e la previsione di tendenze future. La protezione di questi dati è altrettanto essenziale, e le aziende devono garantire la conformità con le normative sulla privacy e la sicurezza delle informazioni.

La formazione e lo sviluppo delle competenze del personale rimangono elementi fondamentali. La formazione deve essere continua e aggiornata, coprendo non solo le competenze tecniche, ma anche quelle relazionali e comunicative. Il personale deve essere preparato a gestire situazioni di stress e a risolvere i problemi in modo efficace, sempre mantenendo un atteggiamento positivo e costruttivo.

La misurazione della soddisfazione del cliente, attraverso sondaggi e feedback, è un altro pilastro. Analizzare questi dati consente di comprendere le esigenze dei clienti, migliorare continuamente i servizi offerti e adattarsi alle aspettative del mercato.

Infine, l'approccio olistico sottolinea l'importanza dell'integrazione e della collaborazione tra i vari reparti aziendali. La coerenza tra le strategie di marketing, vendite, produzione e servizio clienti è indispensabile per offrire un'esperienza omogenea e soddisfacente al cliente.

In conclusione, il Customer Service e la Gestione dei Reclami nella grande distribuzione sono campi in continua evoluzione, che richiedono un impegno costante, l'adozione di tecnologie avanzate, la formazione del personale e un'attenta analisi delle performance. Solo attraverso un approccio olistico e un'attenzione continua verso l'innovazione e l'adattabilità, le aziende potranno garantire la soddisfazione del cliente e mantenere una posizione competitiva nel mercato.

Nel corso di questo libro, abbiamo esplorato vari aspetti della grande distribuzione, offrendo una panoramica completa dei diversi elementi che la caratterizzano e delle sfide che deve affrontare. Abbiamo analizzato:

1. **Storia e Sviluppo**: L'evoluzione storica della grande distribuzione e come questa ha influenzato il panorama attuale del settore.
2. **Formati e Tipologie di Negozi**: I diversi formati e modelli di business, evidenziando le loro caratteristiche uniche.
3. **Tecnologia e Digitalizzazione**: L'importanza della tecnologia, dell'e-commerce e della digitalizzazione nel modernizzare il settore.
4. **Supply Chain e Logistica**: Le complessità della gestione della catena di approvvigionamento e dell'ottimizzazione logistica.
5. **Marketing e Pubblicità**: Le strategie di marketing e pubblicità essenziali per attrarre e mantenere i clienti.

6. **Responsabilità Sociale d'Impresa**: Il ruolo crescente della sostenibilità e dell'etica negli affari.

7. **Legislazione e Normative**: Le leggi e le normative che regolamentano il settore.

8. **Risorse Umane**: La gestione delle risorse umane e l'importanza della formazione del personale.

9. **Crisi e Opportunità**: Come il settore ha affrontato le crisi, come la pandemia COVID-19, e le opportunità emergenti.

10. **Innovazioni di Prodotto**: Le tendenze attuali in termini di sviluppo di nuovi prodotti.

11. **Packaging e Etichettatura**: L'evoluzione del packaging e dell'etichettatura e il loro impatto sul consumatore.

12. **Tendenze Future e Prospettive**: Una riflessione sulle future tendenze e le prospettive della grande distribuzione.

13. **Concorrenza e Differenziazione**: La crescente competizione e le strategie di differenziazione.

14. **Analisi SWOT**: Una valutazione delle forze, debolezze, opportunità e minacce del settore.

15. **Casi di Studio e Success Stories**: Esempi pratici di successo e lezioni apprese da fallimenti.

16. **Ruolo delle Tecnologie Emergenti**: L'impatto delle nuove tecnologie come Blockchain e IA.

17. **Impatto sulla Comunità Locale**: Come la grande distribuzione influisce sulle comunità locali.

18. **Modelli di Business e Strategie Competitive**: Un'analisi approfondita delle strategie competitive.

19. **Customer Service e Gestione dei Reclami**: L'importanza di un efficace servizio clienti e gestione dei reclami.

Per ulteriori informazioni e approfondimenti, è possibile visitare siti web specializzati come:

- **Nielsen**: Per dati e analisi di mercato (www.nielsen.com).

- **Euromonitor International**: Per ricerche di mercato globali (www.euromonitor.com).

- **IBISWorld**: Per rapporti di settore e analisi di mercato (www.ibisworld.com).

- **Statista**: Per statistiche e dati di mercato (www.statista.com).

Inoltre, ci sono numerose pubblicazioni e guide online, come quelle offerte da **Harvard Business Review**, **Forbes**, e **Business Insider**, che forniscono articoli e case studies sulle tendenze della grande distribuzione e sulle strategie aziendali.

Concludendo, la grande distribuzione è un settore dinamico e in continua evoluzione, e rimanere informati e aggiornati su questi temi è essenziale per chiunque sia interessato a comprendere appieno le sue dinamiche e le sue sfide future.